水利工程建设项目管理研究

马成才　著

中国建设科技出版社有限责任公司
China Construction Science and Technology Press Co., Ltd.
北　京

图书在版编目（CIP）数据

水利工程建设项目管理研究/马成才著. --北京 ：中国建设科技出版社有限责任公司，2024.8. --ISBN 978-7-5160-4330-1

Ⅰ. TV512

中国国家版本馆 CIP 数据核字第 2024FF0826 号

水利工程建设项目管理研究

SHUILI GONGCHENG JIANSHE XIANGMU GUANLI YANJIU

马成才　著

出版发行：中国建设科技出版社有限责任公司

地　　址：北京市西城区白纸坊东街 2 号院 6 号楼

邮　　编：100054

经　　销：全国各地新华书店

印　　刷：北京印刷集团有限责任公司

开　　本：710mm×1000mm　1/16

印　　张：10

字　　数：142 千字

版　　次：2024 年 8 月第 1 版

印　　次：2024 年 8 月第 1 次

定　　价：59.80 元

本社网址：www.jskjcbs.com，微信公众号：zgjskjcbs

前　言

随着建筑业管理体制改革的不断深化，以工程建设项目管理为核心的水利施工企业的经营管理体制也发生了很大的变化。这就要求企业必须对施工项目进行规范的、科学的管理，特别是要加强对工程质量、进度、成本、安全的管理控制。

我国是一个农业大国。农业生产是社会经济当中较为重要的组成部分，而水利工程是农业发展的核心点。水利工程的建设与实施在解决水资源短缺、洪涝灾害、环境保护、水土流失等问题中起到了无可替代的重要作用。建设水利工程项目是为了促进经济和社会的发展，同时，能够有效控制洪涝灾害，在特殊时期起到抗旱、蓄水，兼具发电等功能。水利工程的这些功能不仅能够减少污染，而且能大幅改善人们的生产生活面貌。水利工程建设项目是国民经济的基础设施，是水资源合理开发、有效利用和水旱灾害防治的主要工程措施，在社会发展的各个阶段为人民的生产和生活提供了重要保障。水利工程的发展对社会经济发展和人民健康生活起着重要的作用，也是一个国家综合国力的重要体现。

笔者在撰写本书的过程中，参考了许多学者的相关研究成果，在此对他们表示衷心的感谢。由于笔者水平有限，书中难免有错误和疏漏之处，敬请读者批评指正。

编　者

2024 年 3 月

前　言

[illegible]

[illegible]

[illegible]

编　者

[illegible]

目录

第一章　水利工程建设

第一节　水利工程规划设计

一、水利勘测

水利勘测是为水利建设而进行的地质勘察及测量。它是水利科学的组成部分，其任务是对拟定开发的江河流域或地区，就有关的工程地质、水文地质、地形地貌、灌区土壤等条件开展调查与勘测，分析研究其性质、作用，以及内在规律。评价预测各项水利设施与自然环境可能产生的相互影响和出现的各种问题，为水利工程规划、设计和施工运行提供基本资料和科学依据。

水利勘测是水利建设基础工作之一，与工程的投资和安全运行关系十分密切。水利勘测需反复调查研究，要密切配合水利基本建设程序，分阶段逐步深入进行，以达到利用自然和改造自然的目的。

(一)水利勘测内容

1.水利工程测量

水利工程测量包括平面高程控制测量、地形测量(含水下地形测量)、纵横断面测量、定线测量、放线测量及变形观测等。

2.水利工程地质勘察

水利工程地质勘察包括地质测绘、开挖作业、遥感、钻探、水利工程地球物理勘探、岩土试验和观测监测等。用以查明区域构造稳定性、水库地震；水库渗漏、浸没、塌岸、渠道渗漏等环境地质问题；水工建筑物地基的稳定和沉陷;洞室围岩的稳定;天然边坡和开挖边坡的稳定及天然建筑材料状况等。随着实践经验的丰富和勘测新技术的发展,环境地质、系统工程地质、工程地质监测和数值分析等,都有较大进展。

3.地下水资源勘察

由单纯的地下水调查、打井开发,向全面评价、合理开发利用地下水发展。如渠灌井灌结合、盐碱地改良、动态监测预报、防治水质污染等。此外,对环境水文地质和资源量计算参数的研究,也有较大提高。

4.灌区土壤调查

调查范围包括自然环境、农业生产条件对土壤属性的影响,土壤剖面观测,土壤物理性质测定,土壤化学性质分析,土壤水分常数测定,以及土壤水盐动态观测。通过调查,研究土壤形成、分布和性状,掌握在灌溉、排水、耕作过程中土壤水、盐、肥力变化的规律。除上述内容外,水文测验、调查和试验也是水利勘测的重要组成部分。

水利勘测要密切配合水利工程建设程序,按阶段要求逐步深入进行。工程运行期间,还要开展各项观测、监测工作,以策安全。勘测中,既要注意区域自然条件的调查研究,又要着重水工建筑物与自然环境相互作用的勘探试验,使得水利设施起到利用自然和改造自然的作用。①

(二)水利勘测特点

水利勘测是应用性很强的学科,大致有如下三点特性。

1.实践性

实践性即着重现场调查、勘探试验及长期观测、监测等一系列实践工作,以积累资料、掌握规律,为水利建设提供可靠依据。

2.区域性

区域性即针对开发地区的具体情况,运用相应的有效勘测方法,阐明不同地区的各自特征。如山区、丘陵与平原等地形地质条件不同的地区,

---

①刘景才,赵晓光,李璇.水资源开发与水利工程建设[M].长春:吉林科学技术出版社,2020.

其水利勘测的任务要求与工作方法，往往大不相同。

3.综合性

综合性即充分考虑各种自然因素之间及其与人类活动相互作用的错综复杂关系，掌握开发地区的全貌及其可能出现的主要问题，为采取较优的水利设施方案提供依据。因此，水利勘测兼有水利科学与地学（测量学、地质学与土壤学等），以及各种勘测、试验技术相互渗透、融合的特色。但通常以地学或地质学为学科基础，用测绘制图和勘探试验成果的综合分析作为基本研究途径，是一门综合性的学科。

二、水利工程规划设计的基本原则

水利工程规划是以某一水利建设项目为研究对象的水利规划。水利工程规划通常是在编制工程可行性研究或工程初步设计时进行的。

随着经济社会的不断快速发展，水利事业对于国民经济的增长发挥着越来越重要的作用。无论是农村水利工程，还是城市水利工程，其不仅会影响到地区的安全，防止灾害发生，而且也能够为地区的经济建设提供足够的帮助。鉴于水利事业的重要性，水利工程的规划设计必须严格按照科学的理念开展，确保各项水利工程能够带来必要的作用。总的来讲，水利工程规划设计的基本原则包括如下几个部分。

（一）确保水利工程规划的经济性和安全性

就水利工程自身而言，其所包含的要素众多，它是一项较为复杂与庞大的工程，不仅包括防止洪涝灾害、便于农田灌溉、支持公民的饮用水等要素，也包括保障电力供应、物资运输等方面的要素。因此，对于水利工程的规划设计应该从总体层面入手。在科学的指引下，水利工程规划除了要发挥其最大的效应，也需要将水利科学及工程科学的安全性要求融入规划当中，从而保障所修建的水利工程项目具有足够的安全性保障。在抗击洪涝灾害、干旱、风沙等方面都具有较为可靠的效果。对于河流水利工程而言，由于涉及河流侵蚀、泥沙堆积等方面的问题，就更需进行必要的安全性措施。除了安全性的要求,水利工程的规划设计还要考虑到建设成本,这就要求水利工程构建组织对于成本管理、风险控制、安全管理等都具有十分清晰的了解。进而将这些要素进行整合,得到一个较为完善的经济成本控制方法,使得水利工程的建设资金投放到最需要的地方,杜绝出现浪费资金状况。

(二)保护河流水利工程的空间异质原则

河流水利工程的建设需要考虑河流中的生物群体,对于生物群体的保护也就构成了河流水利工程规划的空间异质原则。生物群体是指在水利工程所涉及的河流空间范围内所具有的各类生物,其彼此之间的相互影响,并与外在环境形成默契的情况下进行生活,最终构成了较为稳定的生物群体。河流作为外在的环境,必须与内在的生物群体相融合,具有系统性的体现,只有维护好这一系统,水利工程项目的建设才能够达到其有效性。作为一种人类的主观性活动,水利工程建设不可避免地会对整个生态环境造成一定的影响,使河流出现非连续性,最终带来不必要的破坏。因此,在进行水利工程规划时,有必要对空间异质加以关注。尽管多数水利工程建设是为了促进经济社会的发展,但在建设当中同样要注意对于生态环境的保护,从而确保所构建的水利工程符合可持续发展的要求。

(三)水利工程规划要注重自然力量的自我调节原则

就传统意义上的水利工程而言,对于自然在水利工程中的作用力的关注是极大的,很多项目的开展得益于自然的力量,而非人力。伴随着现代化机械设备的使用,不少水利项目的建设都寄希望于使用先进的机器设备来对整个工程进行控制,但效果往往不好。因此,在具体的水利工程建设中,必须将自然的力量结合到具体的工程规划当中,从而在最大限度地维护原有地理、生态面貌的基础上,进行水利工程建设。当然,对于自然力量的运用也需要进行大量研究。不仅需要对当地的生态面貌等状况进行较为彻底的研究,而且也要在建设过程中竭力维护好当地的生态情况，并且防止外来物种对原有生态的入侵。事实上，大自然都有自我恢复功能。水利工程作为一项人为的工程项目，对于地理面貌的改善也必然会通过大自然的力量进行维护，这就要求所建设的水利工程必须将自身的一系列特质与自然进化要求相融合，从而在长期的自然演化过程中，将自身也逐步融合为大自然的一部分，有利于水利项目长期为当地的经济社会发展服务。

（四）对地域景观进行必要的维护与建设

地域景观的维护与建设也是水利工程规划的重要组成部分。这就要求所进行的设计必须从长期性角度入手，将水利工程的实用性与美观性加以结合。事实上，在建设过程中，不可避免地会对原有景观进行一定的破坏，要将破坏程度与水利工程的后期完善策略相结合，即在工程建设后期或使用过程中，对原有的景观进行必要的恢复。当然，整个水利工程的建设应该在尽可能不破坏原有景观的基础之上进行开展，但不可避免的破坏也要将其写入建设规划当中。另外，水利工程建设本身就可能具有较好的美观性，这也能够为地域景观提供一定的补充。总的来说，对于景观的维护应该尽可能从较小损害的角度入手，这样既可以保障所建设的水利工程具备详尽性的特征，还可以确保每一项小的工程获得很好的完工。值得一提的是，整个水利工程所涉及的景观维护与补充问题都需要进行严格的评价，进而确保所提供的景观不会对原有的生态、地理面貌发生破坏，而这种评估工作也需要涵盖整个水利工程范围，并有必要向外进行拓展，确保评价的完备性。

（五）水利工程规划应遵循一定的反馈原则

水利工程设计主要是模仿成熟的河流水利工程系统的结构，力求最终形成一个健康、可持续的河流水利系统。在河流水利工程项目执行以后，就开始了一个自然生态演替的动态过程。这个过程不一定按照设计预期的目标发展，可能出现多种可能性。一项生态修复工程实施以后，一种理想的情况是监测到的各变量是现有科学水平可能达到的最优值，表示水利工程能够获得较为理想的使用与演进效果；另一种差的情况是监测到的各生态变量是人们可接受的最低值，在这两种极端状态之间，形成了一个包络图。

三、水利工程规划设计的发展与需求

目前，在对城市水利工程建设中，把改善水域环境和生态系统作为主要建设目标，这也是水利现代化建设的重要内容。按照现代城市的功能来对流经市区的河流进行归类，大致有两类要求。

(1)对河中水流的要求：水质清洁、生物多样性、生机盎然和优美的水面规划。

(2)对滨河带的要求：其规划不仅要使滨河带能充分反映当地的风俗习惯和文化底蕴，同时还要有一定的人工景观，供人们休闲、娱乐和活动；另外，在规划上还要注意文化氛围的渲染，所形成的景观不仅要有现代的气息，同时还要注意与周围环境的协调性，达到自然环境、山水、人的和谐统一。

这些要求充分体现了社会的明显进步，这也是水利工程建设发展的必然趋势。这就对水利建设者提出了更高的要求。水利建设者在满足人们要求的同时，还要在设计、施工和规划方面进行更好的调整和完善，从而使水利工程建设具有更多人文、艺术和科学气息，使工程不仅起到美化环境的作用，同时还具有一定的欣赏价值。

水利工程不仅实现了人工对山河的改造，同时也起到了防洪抗涝，实现了对水资源的合理保护和利用，从而使之更好地服务于人类。水利工程对周围的自然环境和社会环境起到了明显的改善。现在人们越来越重视环境的重要性，对环境保护的力度不断提高，对资源开发、环境保护和生态保护协调发展加大了重视的力度。在这种大背景下，水利工程设计在强调美学价值的同时，就更注重生态功能的发挥。

四、水利工程设计中对环境因素的影响

(一)水利工程与环境保护

水利工程有助于改善和保护自然环境。水利工程建设主要以水资源

的开发利用和防止水害为主，其基本功能是改善自然环境。如除涝、防洪，为人们的日常生活提供水资源，保障社会经济健康有序地发展，同时还可以减少大气污染。另外，水利工程项目可以调节水库供水，具有改善下游水质等优点。水利工程建设有助于改善水资源分配，满足经济发展和人类社会的需求，同时，水资源也是维持自然生态环境的主要因素。如果在水资源分配过程中，忽视自然环境对水资源的需求，将会引发环境问题。水利工程对环境的影响主要表现在对水资源方面的影响。如河道断流、土地退化、下游绿洲消失、湖泊萎缩等生态环境问题，甚至会导致下游环境恶化。工程的施工同样会给当地环境带来影响，若这些问题不能及时解决，将会限制社会经济的发展。

水利工程既能改善自然环境，又能对环境产生负面效应。因此，在实际开发建设过程中，要最大限度地保护环境、改善水质，维持生态平衡，将工程效益发挥到最大。要把环境保护纳入实际规划设计工作中去，并且实现可持续发展。

(二)水利工程建设的环境需求

从环境需求的角度分析水利工程建设项目的可行性和合理性，具体表现在以下几个方面。

1.防洪的需要

兴建防洪工程是为人类生存提供基本的保障，这是构建水利工程项目的主要目的。从环境的角度分析，洪水是湿地生态环境的基本保障。如河流下游的河谷生态、新疆的荒漠生态等，它都需要定期的洪水泛滥以保持生态平衡。因此，在兴建水利工程时必须考虑防洪工程对当地生态环境造成的影响。

2.水资源的开发

水利工程的另一功能是开发利用水资源。水资源不仅是维持生命的基本元素，也是推动社会经济发展的基本保障。水资源的超负荷利用，会造成一系列的生态环境问题。因此，在水资源开发过程中强调水资源合理利用。

(三)开发土地资源

土地资源是人类赖以生存的保障。通过开发土地,以提高其使用率。根据土地开发利用需求和提法的不同分为移民专业和规划专业。移民专业主要是从环境容量、土地的承受能力,以及解决的社会问题方面进行考虑。而规划专业的重点则是从开发技术的可行性角度进行分析。改变土地的利用方式多种多样,在前期规划设计阶段要充分考虑环境问题,制定多种可行性方案择优进行。

第二节 灌溉水源工程规划

一、灌溉与排水工程类型以及规划的原则

(一)田间灌排系统组成

灌排系统主要包括取水枢纽及蓄水、保水工程,输水配水系统,田间调节系统和排水泄水系统等几个部分。

1.取水枢纽及蓄水、保水工程

取水枢纽是根据田间作物生长的需要,将水从水源(如谷坊、塘坝、水库、河网、湖泊、洼地以至地下水库等)引入渠(管)道的工程设施。如具有调节能力的闸、坝与抽水站等。在丘陵山区的主要取水枢纽一般为塘堰工程,平原低洼地区一般是提灌站,用于取水。通过蓄水工程结合长流水形成联通系统,挡、蓄地表径流,改变水量在时间上和空间上的分配状况,可以防止水土流失,减少汛期洪水流量,增加干旱年份水量的储备。

2.输水配水系统

输水配水系统是从水源把水按计划输送分配到各个田块的各级渠(管)道系统,这类渠(管)道是常年存在的,称为固定渠道。按照等级不同,输配水的灌溉渠道可分为干渠、支渠、斗渠、农渠四类渠道;输配水的管道系统可分为干管、支管、毛管三级。各级渠道上一般还有调节、控制水流的建筑物,如水闸、跌水、倒虹吸、涵洞、渡槽等来完成输水和配水任

务，管道系统上则是通过阀门、水表、三通等来完成输水和配水任务。

3.田间调节系统

田间调节系统包括毛渠、毛沟、输水垄沟、灌水沟等田间临时灌溉渠道，其主要任务是将来自末级灌溉渠(管)道的灌溉用水输送至田间，以满足作物需要的水分供应，保证作物的正常生长。田间多余的水量也要通过田间调节系统排除，使作物免受湿害。田间调节系统一般依据农业生产和机械作业的需要随时填挖。

4.排水泄水系统

排水泄水系统是将田间积水排至容泄区的排水沟道，以及相应排水工程建筑物所组成的系统，其主要功能有排出田间多余渍水与降低地下水位等。排水泄水系统一般包括排水区内的排水沟系和蓄水设施(如湖泊、河沟、坑塘等)、排水区外的承泄区及排水枢纽(如排水闸、抽排站等)三大部分。排水沟系和灌溉沟系相类似，按照等级不同可以将排水系统分为干沟、支沟、斗沟、农沟和毛沟。

田间灌溉系统主要有渠道灌溉系统和管道灌溉系统两类。灌溉水源有地面水和地下水两种形式，其中地面水是主要的灌溉水源。地面水包括河川、湖泊径流及在汇流过程中拦蓄起来的地面径流。地下水一般指潜水和层间水，潜水又称为浅层地下水，其补给来源是降雨，由于补给容易，埋藏较浅，便于开采。

(二)灌溉取水方式

采用地面取水方式时，灌溉取水方式随着水源的类型、水位和水量状况而定。利用地面径流灌溉，可以有各种不同的取水方式，包括无坝引水、有坝引水、抽水取水、水库取水等。

1.无坝引水

项目区附近河流水位、流量均能满足灌溉要求时，即可选择适宜的位置作为取水口，修建进水闸引水自流灌溉，形成无坝引水。在丘陵山区，灌区位置较高，可从河流上游水位较高的地点引水，借修筑较长的引水渠，取得自流灌溉的水头。这种方式引水口一般距灌区较远，引水渠常有可能遇到施工险段。无坝引水渠首一般由进水闸、冲沙闸和导流堤三部分组成。进水闸的作用是控制进入渠道的流量;冲沙闸是冲走淤积在进水闸前的泥沙;导流堤发挥导流引水和防沙作用,枯水期可以截断河流,保证引水。

2.有坝引水

河流水源虽然比较丰富,但是水位比较低,需要在河道上修建壅水建筑物来抬高水位,以便能够自流引水灌溉,形成有坝引水的方式。有坝引水枢纽主要由拦河坝、进水闸、冲沙闸和防洪堤等建筑物组成。此方式与无坝引水相比,增加了拦河坝工程,但是缩短了干渠线路,减少了工程量。

3.抽水引水

河流水资源丰富,但水位低,采取其他自流引水工程困难或不经济时,可以修建泵站采用抽水取水方式,此种方式干渠工程量小,但增加了机电设备及管理费用。

4.水库取水

河流的流量和水位均不能满足要求时,必须在河流适当的地点修建水库进行径流调节,以解决来水和用水之间的矛盾。水库取水必须修建大坝、溢洪道和进水闸等建筑物,工程量和投资均较大,但是其调节能力大,能充分利用河流水资源。

上述四种取水方式可以综合使用,形成蓄、引、提结合的灌溉系统。

采用地下水取水方式时,需要打井或修筑其他的集水工程,不同地区的水文地质、地貌条件不同,地下水的开采利用方式和取水建筑物的形式也不同。土地整治工程中常见的地下取水建筑物主要有管井和筒井。[①]

①管井。管井是取地下水时最常用的建筑物,不但适用于深层承压水,也是开采浅层水的好方式。由于井结构主要是由一系列井管组成,故称为管井。

②筒井。筒井是一种大口径的取水建筑物,故又称大口井。由于其直径较大,一般为1~2m,形似圆桶而得名。有的地区井径达到3~4m,甚至12m,筒井具有结构简单,检修容易和能够就地取材等优点,但要注

①陈秋计,郭斌,杨梅焕.土地整治[M].西安:西北工业大学出版社,2015.

意筒井不宜过深(施工、建筑和用料等有困难)。筒井多用于开采浅层地下水,其深度一般为 6～20m。筒井由井台、井筒和进水三部分组成。

(三)灌水方法

适用于渠道灌溉系统和管道灌溉系统常见的灌水方法可分为全面灌溉和局部灌溉。全面灌溉主要有地面灌溉和喷灌;局部灌溉主要有滴灌和微喷灌等。

1. 地面灌溉

现在应用的地面灌溉主要有畦灌、沟灌、淹灌和漫灌,地面灌水方法比较简单,易于被人们掌握,应用比较广泛。

(1)畦灌。

水在畦田上形成很薄的水层,沿畦长方向流动,在流动的过程中借重力的作用逐渐湿润土壤。畦灌需要输水垄沟和畦质,主要适用于我国北方的小麦、谷子等窄行作物,以及牧草和一些蔬菜。自流灌区畦长一般为 30～100m,畦宽按照农业机具宽度的整数倍确定,一般为 2～4m,每亩 5～10 个畦块。

(2)沟灌。

沟灌是在作物行间开挖灌水沟,在水流动的过程中主要借土壤毛细管作用湿润土壤,适用于宽行距的中耕作物。沟灌的适宜坡度一般在 0.005～0.02。一般灌水沟是沿地面坡度方向布置,但当地面坡度较大时,可以与地形等高线形成锐角,使灌水沟获得适宜的坡度。沟的间距视土壤性质而定。根据灌水沟两侧土壤湿润的范围,一般轻质土壤的间距较窄,重质土壤的较宽。灌水沟的断面一般呈梯形或三角形,浅沟深 3～15cm,上口宽 20～35 顷;深沟深 15～35cm 深,上口宽 25～40cm,水深一般为 1/3～2/3 沟深。

(3)淹灌。

淹灌也称为格田灌溉,是用田坡将灌溉土地划分成许多格田,灌水时使格田内保持一定深度的水层,借重力作用湿润土壤,主要适用于水稻。

(4)漫灌。

田间不做任何沟坡,灌水时任水在田间漫流,借重力渗入土壤,是一种比较粗放的灌水方法。漫灌灌水均匀性差，水量浪费大，应尽量避免使用这种灌水方法。

2.喷灌

喷灌是利用专门设备将有压水送到灌溉田块，并喷射到空中散成细小的水滴，像天然降雨一样进行灌溉。优点是对地形适应性强、自动化程度高、灌水均匀、灌溉水利用系数高，尤其适合于透水性强的土壤；缺点是投资高，需要运行费用，受风的影响较大。

3.滴灌

滴灌是利用一套塑料管道系统将水直接输送到每棵作物根部，水由每个滴头直接滴在根部上的地表，然后渗入土壤并浸润作物根系最发达的区域。优点是非常省水，自动化程度高，可以使土壤湿度始终保持在最优状态；缺点是需要大量塑料管，投资较高，滴头极易堵塞。把滴灌毛管布置在地膜的下面，可避免地面无效蒸发，称为膜下灌。

4.微喷灌

微喷灌又称为微型喷灌或微喷灌溉，是用很小的喷头（微喷头）将水喷洒在土壤表面。微喷头的工作压力与滴头差不多，它是在空中消散水流的能量。由于同时湿润的面积较大，这样流量可以大一些，喷洒的孔口也可以大一些，出流流速比滴头大得多，因此堵塞的可能性大幅减小了。

（四）田间排水系统分类

控制地下水位的田间工程，有水平排水和垂直排水两种形式。水平排水又可分为明沟和暗管两种。明沟排水是在地面上开挖沟道进行排水，它具有适应性强、排水量大，降低地下水位效果好，容易开挖、施工方便，造价低廉等优点，是一种应用广泛的排水方式。暗管排水是在地面下适当的深度埋设管道或修建暗沟进行排水，是一种很有发展前途的排水方式。暗管排水的优点是排出地下水和过多土壤水，以及控制稻田渗漏水效果好，增产显著，土方工程量少，便于耕作和田间交通，便于机械化施工，管护省力等。缺点是需要大量管材，一次投资费用大，施工技术要求严格，清淤困难。

(五)灌溉与排水工程布局原则

灌溉与排水工程布局需遵循以下原则。

(1)全面安排、统筹兼顾、综合开发的原则。参照农业区划的成果,根据地区农业生产的特点,以及灌溉的可供水量进行灌溉工程的总体规划,兼顾防洪、排涝、排渍等各方面的要求,在易涝、盐碱地区应同时规划健全的排水系统。

(2)投资少、效益大的原则。应在区域水土资源平衡和效益分析的基础上,按照工程投资少,灌排效益大的原则,提高灌排效率,选定适宜的工程方案,尊重当地农民灌排习惯,尽量利用现有沟渠以节省投资。

(3)保护生态环境的原则。水资源的开发利用应在符合全流域水利规划和保护生态环境原则的基础上,合理利用当地水资源,防止水土流失。

(4)便于今后维护和管理,满足施工要求。

(5)因地制宜的原则。

随着工农业生产的发展与科学技术的进步,人类改造自然的范围与能力越来越强,灌溉与排水理论和技术都有了新的发展。就水资源的开发利用而言,已开始将降水、地面水、地下水统一起来联合运用;在需水要求方面,有的国家已在土壤、作物、施肥、耕作管理基本定型的情况下,根据气象预测预报来制订农业生产计划与灌溉排水计划,并通过电子技术制定最优方案;在用水技术方面,则采用自动化的设备进行自动化灌排。在农用地整治中,应根据农田灌排原理与技术,结合土壤、作物、水分的相互联系与需水规律,不断革新灌溉、排水技术,科学地调节土壤水分状况,不断培肥地力,以保证作物的高产稳产。

(六)沟渠级别

灌排沟渠按其使用寿命分为固定渠道和临时渠道两种。按控制面积大小和水量分配层次又可把沟渠分为若干等级。大、中型灌区的固定沟渠一般分为干、支、斗、农四级,在地形复杂的大型灌区,固定渠道的级数往往多于四级,干渠可分成总干渠和分干渠。支渠可下设分支渠,甚至斗渠也可下设分斗渠。在灌溉面积较小的灌区,固定渠道的级数较少,农渠以下的小渠道一般为季节性的临时渠道。

二、灌溉水源工程规划

(一)拦(河)沟引水工程

溢流坝指坝顶可泄洪的坝,也称滚水坝。溢流坝一般由混凝土或浆砌石筑成,按坝型有溢流重力坝、溢流拱坝、溢流支墩坝和溢流土石坝。选择地形有利的河道或冲沟,利用有效的汇水条件,在沟道修建低水头溢流坝,通过溢流坝将天然降水产生的径流汇集并抬高水位,为农业灌溉和居民生活用水提供保障。

小型拦河坝坝址位置应能控制大部分灌溉面积,应布置在河道较窄、地质条件较好的河段,拦河坝的建设应保证对现有河道的行洪不构成威胁,且正常蓄水位不得淹没耕地。

在丘陵山区,冲沟溢流坝常称为谷坊。谷坊横筑于易受侵蚀的小沟道或小溪中,既能抬高水位,又能固沟、拦泥、滞洪,高度一般在5m以下。按不同建筑材料分为石谷坊、土谷坊、梢枝谷坊、插柳谷坊、竹笼谷坊等。石谷坊主要用石垒建成,除防止侵蚀外,还有提高水位、引水灌溉之用,柳谷坊是将柳桩捆成束捆,打在建坝之外,一般3~4排,每排间距0.5~1.0m,然后将柳梢束成捆填在其中。修建顺序是先上游,后下游;先支沟、毛沟,后干沟;先修沟底,逐年加高。在关键位置修主坝,并在主坝之间配合修副坝,主副结合,大小成群,当年就可收效。

谷坊工程选址宜考虑以下几方面。

(1)适宜的沟底坡度。主要修建在沟底坡度较大,沟底下切剧烈发展的沟段。一般坝高1~5m,拦沙量小于1000m^3。在沟底坡度较大的沟段,为实现沟底川台化,可系统地布设谷坊群,上下谷坊间常用“顶底相照”原则确定,下一座谷坊的顶部大致与上一座谷坊基部等高。坡度很大或其他原因,不宜修建谷坊的,可在沟底修水平阶、水平沟造林,并在两岸开挖排水沟,保护沟底造林地。

(2)谷口狭窄。谷坊坝址宜“肚大口小”,以节省投资。

(3)沟底与岸坡地形、地质、土质状况良好,无孔洞或破碎地层,没有不易清除的乱石和杂物。

(4)在有支流汇合的情况下应在汇合点下游修建谷坊。

(5)布设谷坊群时,谷坊的间距应通过计算确定。在土质沟道内,以上部坝根与下部坝顶大体呈水平来决定谷坊间距,而在石质和砂卵石道内,以修建后与沟道纵坡保持1/70～1/100坡度为宜,根据这一数值确定谷坊数量、宽度、高度与间距,力求布局均匀,防止过稀过密,否则容易造成洪水忽急忽缓而引起冲刷。

(二)蓄水坑塘

蓄水坑塘是按一定的设计标准,利用有利的地形条件、汇水区域,通过塘坝将自然降水产生的径流存蓄起来的集水工程。一般包括土坝、溢洪道、泄水洞三大部分。水流量小时由泄水洞泄水,水大时由溢洪道或出水管涵泄水,在水土流失和局部干旱地区能起到拦蓄洪水泥沙、发展灌溉的作用,还可保护下游的淤地坝,是治沟工程不可缺少的措施。

塘坝是指拦截和贮存当地地表径流的蓄水量不足100000m^3的蓄水设施。塘坝的水源主要是拦蓄自身集水面积内的当地径流,独立运行(包括联塘运行),自成灌溉体系;反调节塘坝除拦蓄当地径流外,还依靠渠道引外水补给渠水灌塘、塘水灌田。渠、塘联合运行,“长藤结瓜”,起调节作用。

塘坝的作用主要包括以下几方面。

(1)充分拦蓄地表径流,分散蓄水、就近灌溉,供水及时、管理方便,适应地形起伏、岗冲交错的丘陵地区分散农田的灌溉。同时还可以缩短输水距离与灌水时间,减少水量损失,提高灌水效率。

(2)利用塘坝蓄水灌溉,可以减小灌区提、引水工程的规模,减小渠首及各级渠道和配套建筑物的设计流量,减小渠道断面和建筑孔径,节省其工程量和投资。

(3)塘坝蓄水浅,水温高,在低温季节引塘水灌田有利于农作物生长。

(4)塘坝可以缓洪减峰,防治水土流失,减轻农田洪涝灾害损失。

(5)利用塘坝进行综合开发,解决人畜用水,发展“塘坝经济”,可以促进当地农、林、牧、副和渔业发展，增加农民收入，发展农村经济，改变农村面貌。

丘陵地区，由于坑塘的分布范围广、数量多、作用大、投资少，可就地取材，施工技术简单，群众能够自建、自管、自用，一般能当年兴建、当年受益。因此，坑塘是丘陵地区灌溉、抗旱、解决人畜用水和发展“水产养殖”的重要水利基础设施。

新建坑塘选址，应结合规划区内的农用地灌溉要求，尽可能满足能灌能蓄、方便施工与利用，规划时需综合考虑如下几个方面。

(1)地形条件好。具有天然的蓄水地形，位置高，塘容大，自流灌溉面积大；淹没占地少，有适宜修建溢洪道的位置；工程简单，土方和配套建筑物少，省费用，用工少。比如，选择“两岗夹一洼，中间筑个坝”，集水面积大，筑坝较容易。

(2)地质条件好，工程安全可靠，渗漏损失小。

(3)水源条件好，集水面积大，来水量丰富，无严重污染源、淤积源。

(4)靠近灌区“塘跟田走”，连接渠道短，输水损失小。

(5)施工、交通及管理方便。附近有合适的筑塘土料，取土运土方便，最好能利用挖塘土筑塘埂。

(6)行政区划单一。归属权界定应清楚，尽量避免水源、用水和占地矛盾。

(7)有人畜用水需求的，尽量靠近村庄，或选择位置较高处，能自压给水。

(三)囤水田坎工程

囤水田是在工程水利设施缺乏、灌溉条件差的地区，一种简易的以田蓄水保水设施。囤水田不仅抗旱保墒，而且涵养水源、调节区域小气候，具有良好的生态效应。囤水田常见于蒸发量不大的丘陵山区。如巴中市在水稻收割后，稻田蓄秋雨过冬，水深 0.7m 以上则称囤水田，除保本田次年栽秧外，还有多余水供周边田块使用，囤水 1 亩，基本可供 2～3 亩农田用水，部分囤水田兼供牲畜饮用。

囤水田主要布置在缺少水源且泡田期缺水情况严重的冲田中上部。

囤水田坎工程内容主要是新修囤水田坎，将水田原有田坎加高加固，并进行防渗处理，以提高田块的囤水能力。

（四）蓄水池

蓄水池是用人工材料修建的具有防渗作用的蓄水设施，多修在村庄附近、路旁、坡地，或挖坑，或半挖半填而成，解决人畜用水，结合灌溉。南方地区地表径流和泉水丰富，蓄水保证率高，多以灌溉为主。蓄水池形状一般多为圆形或方形，容积根据来水面积、雨量、灌溉需水量等具体情况而有所不同。蓄水池设进水口、放水口、溢流口，溢流口底坎应与蓄水池最高水位相同。水流入池前进水口处需设置沉沙池（沉沙池），放水口可设涵洞、竖井、卧管，便于分层放水。

蓄水池一般布置在一些地质条件较差、不宜布置水窖的地方，同时，为了调剂用水，可在田间地头修建蓄水池，方便在用水紧缺时使用。

1. 蓄水池容积确定原则

（1）要考虑可能收集、贮存水量的多少，判断是属于临时性或季节性蓄水还是常年蓄水，分析蓄水池的主要用途和蓄水量要求。

（2）要调查、掌握当地的地形、土质情况。

（3）要结合当地经济水平和投入产出比确定最佳容积。

2. 蓄水池与沉沙池布局原则

（1）蓄水池可布设在坡面局部低凹或坡腰处，与排水沟的终端相连，容蓄坡面排水。

（2）蓄水池的分布与容量，应根据坡面径流总量、排蓄关系和修建施工、使用方便的原则，因地制宜研究确定。一个坡面蓄排系统可集中布设一个蓄水池，也可分散布设若干蓄水池。

（3）沉沙池的位置一般布设在蓄水池进水口上游附近。

（五）水窖

水窖是在地下挖成井、缸形式，以储蓄地表径流的集水设施。在土质地区的水窖多为圆形断面，岩石地区的水窖多采用矩形宽浅式断面。我国北方干旱山区和黄土地区，水窖主要是解决人畜用水困难；南方地区常用于抗旱点浇。做法是在地下开挖一个瓶状土窖，底部和四壁做防渗处理，下雨时，地表径流经沉沙池初步澄清后，引入窖内存储，有防止水面蒸发损失的优点。

水窖布局应考虑如下因素。

(1)水窖布置区域应选择合理的集雨场，靠近引水渠、溪沟、路边沟等便于引水拦蓄的地方。

(2)水窖应有深厚坚实的土层，距沟头、沟边 20m 以上，石质区域的水窖，应修在不透水的基岩上。

(3)山区应充分利用地形，多建自流灌溉水窖，节省费用。

(4)水窖应根据用途及地形等当地条件进行整体规划布局。以解决人畜饮用水为主的应将窖建在庭院内地形较低处，窖外壁距崖坎的距离不少于 5m，并距根系较发育的树木 5m 以外。若是群窖，两窖外壁之间的间隔距离不得小于 4m。公路旁的蓄水池与公路的距离应符合交通部门的有关规定。

(5)水窖的进水渠(管)上应设闸板并在适当位置布置排水道，当水窖蓄满后应立即停止进水，防止水窖超蓄。利用天然土坡、土路、场院作集流面时，集流的雨水宜先引入涝池、塘坝，待泥沙沉淀 2～3 日后再引入水窖蓄存。

(六)机井工程

在北方干旱、半干旱平原地区，由于地表水源缺乏，常开采地下水进行农田灌溉。机井是开采利用地下水中应用最广泛的取水建筑物，也是集水工程的一个组成部分。机井灌溉优点是不用修明渠，或者无法获得地表水资源无法修明渠，因此占用耕地少；缺点是若引用地下水过量，会引发地面下陷。

规划机井时，首先应熟悉项目区的自然基础资料，特别是地下水资源状况，掌握地下水资源储量、实际可利用量、用水制度、用水技术等关键数据。井型(地下取水建筑物)可以分为垂直与水平两大类，有五种基本形式：管井、大口井(筒井)、大底井(真空井或真空插管井)、辐射井和渗渠(卧管井或水平集水廊道)。①管井一般深度在 20～1000m，适用于任何松散或基岩含水层;②大口井深度在15m以内,适用于地下水埋藏较浅(10m内)、含水层较薄且渗透性较强的地层取水,它具有就地取材、施工简便的优点;井径根据水量、抽水设备布置和施工条件等因素确定,一般为5~8m,不宜超过10m;③大底井(真空井)一般深度为10~30m,适用于含水层系松散砂砾石,顶板牢固、悬空后不易倒塌的硬黏土或第四系喷出岩等;④辐射井深度在30m以内,无论透水性强弱的沙砾石层与土层均适用,特别适宜于开采平原区薄层或极薄层弱透水含水层。

规划布置机井时应遵循以下原则。

第一,机井规划应在水利总体规划的基础上进行,兼顾流域与行政区域之间的关系,统筹考虑规划区内国民经济近期和长远发展的需要。

第二,应优先开采浅层地下水,严格控制开采深层地下水。井型应根据含水层分布状况及凿井机具、施工条件等优先选用管井、筒井或筒管井。含水层埋藏浅、透水性强、补源丰富或裂隙发育的地区,也可选用大口井;含水层埋藏浅、厚度薄的黄土含水层地区,还可选用辐射井。井位一般呈行状并与地下水流向相垂直,整体呈棋盘状。井的具体位置应与地块其他规划相一致,最好设置在路边,靠近沟渠,地势应相对较高,以获得最大的自流灌溉面积。

第三,在长期超采引起地下水位持续下降的地区,应限量开采;对已造成严重不良后果的地区,应停止开采;滨海地区,应严防海水入侵;地下水水量丰富的地区,可集中布井;地下水水量较贫乏的地区,可分散布井。

第四,在规划区内应避免污染地下水,保护生态环境。

第五,应节约用水,采用节水技术和设备。

第六,已建成的有成井条件的渠灌区和有引用地表水灌溉条件的井灌区,可建成井渠结合灌区。

第七,地下水水力坡度较陡的地区,应沿等水位线交错布井;地下水水力坡度平缓的地区,应按梅花形或方格形布井。

第八,应与灌排渠沟或管道系统、道路、林带、输电线路的布置相协调。井位布置服从农田基本建设的总体安排,一般应靠近渠路沟布置,多设在田块的角上。进行井群平面布置时,在确定井数与井距后,考虑地形与地下水流向，以及灌溉方式等因素，并与沟、渠、田、路、林相配合，尽量按直线排列成行，做到灌排顺当，按二倍影响半径确定井距，以便充分发挥井灌、井排效益，节约基建与运行管理费用。当实际布井数与设计布井数有矛盾时，不应轻易减少或增加井数，增加井数不宜超过设计井数的10%。同时开采两个以上含水层时，在平面上应将浅、中、深井相间布置，以减少同一含水层间的井间干扰，井区的布置形式有排状、环状和网状等形式。

（七）提水泵站

提水泵站又称提灌站，指利用机电动力、水力或风力等，从水库、河流或其他水源提取灌溉用水为浇灌作物所专门建立的农田水利设施。提水泵站在广大农村地区广泛存在，为农田的灌溉起着重要的作用。提水泵一般由水泵、动力设备、输水管道、进水闸、引水渠、前池、进水池、出水池、泵房和泄水渠等组成。高扬程泵站还设有水锤消除器等防护设施，从多泥沙水源中提水的泵站要设沉沙池。

提水泵站可分为固定式和活动式两大类。前者适用于水位变幅较小的场合，后者适用于水源水位变幅较大且水泵机组较小的场合。活动泵站一般将水泵机组安装在船上或有滑轨能升降的泵车上。此外，还有利用自然能源进行提灌的泵站，如利用山溪水力的水轮泵站和水锤泵站，利用风力提水的泵站，利用太阳能或潮汐能提水的泵站等。

提水灌溉一般不需修建大型挡水或引水建筑物。受水源、地形、地质等条件的影响较小，一次性投资少、工期短、受益快，并能因地制宜及时满足灌溉的要求。但在运行期间需要消耗能量和经常性地维护、修理，其管理费用比自流灌溉要高。

提水泵站站址应根据泵站规模、运行特点和综合利用要求，考虑地形、地质、水源或承泄区、电源、枢纽布置、对外交通、占地、拆迁、施工管理等因素，以及扩建的可能性，经过技术经济的比较选定。布局规划时应考虑以下方面。

(1)靠近水源。灌溉泵站应选择布置在稳定水源岸边高处，既要保证引水，又要避免受淹。山丘区泵站站址宜选择在地形开阔、岸坡适宜、有利于工程布置的地点。

(2)地基稳定。泵站站址宜选择建在岩土坚实、抗渗性能良好的天然地基上,不应设在不良地质地段。

(3)方便后期管理。泵站宜建于田间道路附近,便于施工及日常维护;泵站灌溉范围应结合村组权属界线划分,尽量避免一泵多村。

(4)经济合理。泵站控制面积不宜过小;扬程一般不宜过高,设计时需考虑泵站使用成本;高扬程提水灌溉工程,应根据灌区地形、分区、提蓄结合等因素确定一级或多级设站。多级设站时,可结合行政区划与管理要求等,按整个提水灌溉工程动力机装机功率最小的原则确定各级站址。

(5)因地制宜。由河流取水的泵站,当河道边岸为缓坡时,宜采用引水式布置,河道边岸为陡坡时,宜采用岸边式布置;由渠道取水的泵站,宜在取水口下游侧的渠道上设节制闸;由湖泊或水库取水的泵站,可根据地形及水文情况,采用引水式布置或岸边式布置。从多泥沙河流上取水的泵站,应设置沉沙、冲沙和清淤设施。

(6)保持与现有工程的安全距离。泵房距离铁路、高压输电线路、地下压力管道、高速公路及一级、二级公路之间的距离不宜小于100m。

(7)自流灌溉困难、面积较小、分布分散的地块宜采用移动式抽水方式,需要设置抽水平台和集水池。配套安装连接管,修建出水池,并做好出水池与灌溉渠道的连接。

第三节 堤防施工与围堰施工

一、堤防施工

(一)水利工程堤防施工

1.堤防工程的施工准备工作

(1)施工注意事项。

施工前应注意施工区内埋于地下的各种管线、建筑物废基、水井等各类应拆除的建筑物，并与有关单位一起研究制定措施方案。

(2)测量放线。

测量放线非常重要，因为它贯穿施工的全过程，从施工前的准备到施工中到施工结束以后的竣工验收，都离不开测量工作。如何把测量放线做快做好，是对测量技术人员一项基本技能的考验和基本要求。目前，堤防施工中一般都采用全站仪进行施工控制测量，另外配置水准仪、经纬仪，进行施工放样测量。

①测量人员依据监理提供的基准点、基线、水准点及其他测量资料进行核对、复测，监理施工测量控制网，报请监理审核，批准后予以实施，以利于施工中随时校核。

②精度的保障。工程基线相对于相邻基本控制点，平面位置误差不超过±30～50mm，高程误差不超过±30mm。

③施工中对所有导线点、水准点进行定期复测，对测量资料进行及时、真实的填写，由专人保存，以便归档。

(3)场地清理。

场地清理包括植被清理和表土清理，范围包括永久工程和临时工程、存弃渣场等施工用地需要清理的全部区域的地表。

①植被清理。用推土机清除开挖区域内的全部树木、树根、杂草、垃圾及监理人指明的其他有碍物，运至监理工程师指定的位置。除监理人另有指示外，主体工程施工场地地表的植被清理，必须延伸至施工图所示最大开挖边线或建筑物基础变线(或填筑边角线)外侧至少5m距离。

②表土清理。用推土机清除开挖区域内的全部含细根、草本植物及覆盖草等植物的表层有机土壤，按照监理人指定的表土开挖深度进行开挖，并且将开挖的有机土壤运至指定地区存放待用。防止土壤被冲刷流失。

2.堤防工程施工放样与堤基清理

在施工放样中，首先沿堤防纵向定中心线和内外边角，同时钉以木桩，要把误差控制在规定值内。根据不同堤形，可以在相隔一定距离内设立一个堤身横断面样架,以便能够为施工人员提供参照。堤身放样时,必须按照设计要求来预留堤基、堤身的沉降量。在正式开工前,还需要进行堤基清理,清理的范围主要包括堤身、铺盖、压载的基面,其边界应在设计基面边线外30～50cm。如果堤基表层出现不合格土、杂物等,必须及时清除,针对堤基范围内的坑、槽、沟等部分,需要按照堤身填筑要求进行回填处理。同时需要耙松地表,这样才能保证堤身与基础结合。假如堤线必须通过透水地基或软弱地基,要对堤基进行必要的处理,处理方法可以按照土坝地基处理的方法进行。

3.堤防工程度汛与导流

堤防工程跨汛期施工时,度汛、导流方案应根据设计要求和工程需要编制,并报有关单位批准。挡水堤身或围堰顶部高程,按照度汛洪水标准的静水位加波浪爬高与安全加高确定。当度汛洪水位的水面吹程小于500m、风速在5级(风速10m/s)以下时,堤顶高程可仅考虑安全加高。

4.堤防工程堤身填筑要点

(1)常用筑堤方法。

①土料碾压筑堤。土料碾压筑堤是应用最多的一种筑堤方法,也是极为有效一种方法,其主要是把土料分层填筑碾压,常用于填筑堤防。

②土料吹填筑堤。土料吹填筑堤主要是通过把浑水或人工拌制的泥浆,引到人工围堤内,通过降低流速,最终能够沉沙落淤,是用于填筑堤防的一种工程措施。吹填的方法有许多种,包括提水吹填、自流吹填、吸泥船吹填、泥浆泵吹填等。

③抛石筑堤。抛石筑堤通常是在软基、水中筑堤或地区石料丰富的情况下使用,其主要是利用抛投块石填筑堤防。

④砌石筑堤。砌石筑堤是采用块石砌筑堤防的一种工程措施。其主要特点是工程造价高,在重要堤防段或石料丰富地区使用较为广泛。

⑤混凝土筑堤。混凝土筑堤主要用于重要堤防段,其工程造价高。

(2)土料碾压筑堤。

①铺料作业。铺料作业是筑堤的重要组成部分,因此需要根据要求

把土料铺至规定部位，禁止把砂（砾）料，或者其他透水料与黏性土料混杂。在上堤土料的过程中，需要把杂质清除干净，这主要是考虑到黏性土填筑层中包裹成团的砂（砾）料时，可能会造成堤身内积水囊，这将会大幅影响到堤身安全。如果是土料或者砾质土，就需要选择进占法或后退法卸料；如果是沙砾料，则需要选择后退法卸料。当出现沙砾料或砾质土卸料发生颗粒分离的现象，就需要将其拌和均匀，需要按照碾压试验确定铺料厚度和土块直径的限制尺寸，如果铺料到堤边，需要在设计边线外侧各超填一定余量，人工铺料宜为100cm，机械铺料宜为30cm。

②填筑作业。为了更好地提高堤身的抗滑稳定性，需要严格控制技术要求，在填筑作业中如果遇到地面起伏不平的情况，就需要根据水分分层，按照从低处开始逐层填筑的原则，禁止顺坡铺填；如果堤防横断面上的地面坡度陡于1∶5，就需要把地面坡度削至缓于1∶5。

如果是土堤填筑施工接头，就有可能出现质量隐患，这就要求分段作业面的最小长度要大于100m，如果人工施工时段长，可以根据相关标准适当减短；如果是相邻施工段的作业面宜均衡上升，在段与段之间出现高差时，就需要以斜坡面相接。不管选择哪种包工方式，填筑作业面都要严格按照分层统一铺土、统一碾压的原则进行，同时还需要配备专业人员，或者用平土机具参与整平作业，避免出现乱铺乱倒，出现界沟的现象。为了使填土层间结合紧密，尽可能地减少层间的渗漏，如果已铺土料表面在压实前，已经被晒干，此时就需要洒水湿润。

③防渗工程施工。黏土防渗对于堤防工程来说主要是用在黏土铺盖，而黏土心墙、斜墙防渗体方式在堤防工程中应用较少。黏土防渗体施工，应在清理的无水基底上进行，并与坡脚截水槽和堤身防渗体协同铺筑，尽量减少接缝；分层铺筑时，上下层接缝应错开，每层厚度以15～20cm为宜，层面间应刨毛、洒水，来保证压实的质量；分段、分片施工时，相邻工作面搭接碾压应符合压实作业规定。

④反滤、排水工程施工。在进行铺反滤层施工之前，需要对基面进行清理，同时，针对个别低洼部分，则需要采用与基面相同土料，或者反滤层第一层滤料填平。而在反滤层铺筑的施工中，需要遵循以下几点要求。

第一，铺筑前必须设好样桩，做好场地排水，准备充足的反滤料。

第二，按照设计要求的不同，来选择粒径组的反滤料层厚。

第三，必须从底部向上按设计结构层要求，禁止逐层铺设，同时需要保证层次清楚，不能混杂，也不能从高处倾坡倾倒。

第四，分段铺筑时，应使接缝层次清楚，不能出现缺断、层间错位、混杂等现象。

（二）堤防工程防渗施工技术

1.堤防发生险情的种类

堤防发生险情包括开裂、滑坡和渗透破坏，其中，渗透破坏尤为突出。渗透破坏的类型主要有接触流土、接触冲刷、流土、管涌及集中渗透等。由渗透破坏造成的堤防险情如下。

（1）堤身险情。

堤身险情的造成原因主要是堤身填筑密实度，以及组成物质的不均匀所致，如堤身土壤组成是砂壤土、粉细沙土壤，或者堤身存在裂缝、孔洞等，跌窝、漏洞、脱坡、散浸是堤身险情的主要表现。

（2）堤基与堤身接触带险情。

堤基与堤身接触带险情的造成原因是建筑堤防时，没有清基，导致堤基与堤身的接触带的物质复杂、混乱。

（3）堤基险情。

堤基险情是由于堤基构成物质中包含了砂壤土和砂层，因这些物质的透水性极强所致险情发生。

2.堤防防渗措施的选用

在选择堤防工程的防渗方案时，应当遵循几项原则：首先，对于堤身防渗，防渗体可选择劈裂灌浆、锥探灌浆、截渗墙等。在必要情况下，可以增加堤身厚度，或挖除、刨松堤身后，重新碾压并填筑堤身。其次，在进行堤防截渗墙施工时，为降低施工成本，要注意采用廉价、薄墙的材料。较为常用的造墙方法有开槽法、挤压法、深沉法、高喷法等，其中，深沉法的费用最低，对于小于20m的墙深最宜采用该方法。高喷法的费用要高些，但在地下障碍物较多、施工场地较狭窄的情况下，该方法的适应性较高。若地层中含有的砂卵砾石较多且颗粒较大时，应结合使用冲击钻和其他开槽法，该方法的造墙成本会相应地提高不少；对于该类地层上堤段险情的处理，还可使用盖重、反滤保护、排水减压等措施。

3.堤防堤身防渗技术分析

(1)黏土斜墙法。

黏土斜墙法是先开挖临水侧堤坡，将其挖成台阶状，再将防渗黏性土铺设在堤坡上方，铺设厚度≥2m，并要在铺设过程中将黏性土分层压实。对堤身临水侧滩地足够宽且断面尺寸较小的情况，适宜使用该方法。

(2)劈裂灌浆法。

劈裂灌浆法是指利用堤防应力的分布规律，通过灌浆压力在沿轴线方向将堤防劈裂，再灌入适量泥浆形成防渗帷幕，使堤身防渗能力加强。该方法的孔距通常设置为10m，但在弯曲堤段，要适当缩小孔距。对于沙性较重的堤防，不适宜使用劈裂灌浆法，这是因为沙性过重，会使堤身弹性不足。

(3)表层排水法。

表层排水法是指在清除背水侧堤坡的石子、草根后，喷洒除草剂，然后铺设粗砂，铺设厚度在20cm左右，再一次铺设小石子、大石子，每层厚度都为20cm，最后铺设块石护坡，铺设厚度为30cm。

(4)垂直铺塑法。

垂直铺塑法是指使用开槽机在堤顶沿着堤轴线开槽，开槽后，将复合土工膜铺设在槽中，然后使用黏土在其两侧进行回填。该方法对复合土工膜的强度和厚度要求较高。若将复合土工膜深入堤基的弱透水层中，还能起到堤基防渗作用。

4.堤基的防渗技术分析

(1)加盖重技术。

加盖重技术是指在背水侧地面增加盖重，以减小背水侧的出流水头，从而避免堤基渗流破坏表层土，使背水地面的抗浮稳定性增强，降低其出逸比降。针对下卧透水层较深、覆盖层较厚的堤基，或者透水地基，都适宜采用该方法进行处理。在增加盖重的过程中，要选择透水性较好的土料，至少要等于或大于原地面的透水性；不宜使用沙性太大的盖重土体，因为沙性太大易造成土体沙漠化，影响周围环境。如果盖重太长，要考虑联合使用减压沟或减压井。如果背水侧为建筑密集区或是城区，则不适宜使用该方法。对于盖重高度、长度的确定，要以渗流计算结果为依据。

(2)垂直防渗墙技术。

垂直防渗墙技术是指在堤基中使用专用机建造槽孔，使用泥浆加固墙壁，再将混合物填充至槽孔中，最终形成连续防渗体。它主要包括了全封闭式、半封闭式和悬挂式三种结构类型。全封闭式防渗墙是指防渗墙穿过相对强透水层，且底部深入到相对弱透水层中，在相对弱透水层下方没有相对强透水层。通常情况下，该防渗墙的底部会深入深厚黏土层或弱透水性的基岩中。若在较厚的相对强透水层中使用该方法，会增加施工难度和施工成本。该方式会截断地下水的渗透径流，故其防渗效果十分显著，但同时也易发生地下水排泄、补给不畅的问题。所以会对生态环境造成一定的影响。半封闭式防渗墙是指防渗墙经过相对强透水层深入弱透水层中，在相对弱透水层下方有相对强透水层。该方法对防渗稳定性效果较好。影响其防渗效果的因素较多，主要有相对强透水层和相对弱透水层各自的厚度、连续性及渗透系数等。该方法不会对生态环境造成影响。悬挂式防渗墙是一种垂直或接近垂直的地下连续墙结构，它的底部没有嵌入相对不透水层，而是“悬挂”在透水地层之中。其主要作用是通过墙体材料本身的低渗透性来延长渗径，从而减少通过地层的渗水量。该方法能有效延长渗径，增加地下水的渗透路径长度，减少渗漏量，降低堤内水头和堤身浸润线，可在一定程度上缓解坝基、堤基等的渗漏问题，增强工程的稳定性和安全性。然而，悬挂式防渗墙会在一定程度上改变地下水的渗流路径和速度，可能影响地下水的自然补给和排泄，打破原有的水文循环平衡。长期来看，可能导致局部地区地下水资源的分布发生变化，影响周边地区的生态用水。

(三)堤防绿化的施工

1.堤防绿化在功能上下功夫

(1)防风消浪,减少地面径流。

堤防防护林可以降低风速、削减波浪,从而减小水对大堤的冲刷。绿色植被能够有效地抵御雨滴击溅、降低径流冲刷,对减缓河水冲淘,起到了护坡、固基、防浪等方面的作用。

(2)以树养堤、以树护堤,改善生态环境。

合理的堤防绿化能有效地改善堤防工程区域性的生态景观,实现养堤、护堤、绿化、美化的多功能,实现堤防工程的经济、社会和生态三个效益相得益彰,为全面建设和谐社会提供和谐的自然环境。

(3)缓流促淤、护堤保土,保护堤防安全。

树木干、叶、枝有阻滞水流作用,干扰水流流向,使水流速度放缓,对地表的冲刷能力大幅下降,从而使泥沉沙落。同时林带内树木根系纵横,使得泥土形成整体,大幅提高了土壤的抗冲刷能力,保护堤防安全。

(4)净化环境,实现堤防生态效益。

枝繁叶茂的林带,通过叶面的水分蒸腾,起到一定排水作用,可以降低地下水位,能在一定程度上防止由于地下水位升高而引起的土壤盐碱化现象。另外,防护林还能储存大量的水资源,维持环境的湿度,改善局部循环,形成良好的生态环境。

2.堤防绿化在植树上保成活

理想的堤防绿化是从堤脚到堤肩的绿化,是一条绿色的屏障,是一道天然的生态保障线,它可以成为一条亮丽的风景线,不仅要保证植树面积,还要保证树木的存活率。

(1)健全管理制度。

要成立专门负责绿化苗木种植管理领导小组,制定绿化苗木管理责任制、实施细则、奖惩办法等一系列规章制度。直接责任到人,真正实现分级管理、分级监督、分级落实,全面推动绿化苗木种植管理工作。为打造“绿色银行”起到保驾护航和良好的监督落实作用。

(2)把好选苗关。

近年来，堤防上的“劣质树”“老头树”，随处可见，成材缓慢，不仅无经济效益可言，还严重影响堤防环境的美化，制约了经济的发展。要选择种植成材快、木质好，适合黄土地带生长的既有观赏价值又有经济效益的树种。

(3)把好苗木种植关。

堤防绿化的布局要严格按照规划，植树时把高低树苗分开，高低苗木要顺坡排开，既整齐美观，又能够使苗木采光充分，有利于生长。绿化苗木种植进程中，根据绿化计划和季节的要求，从苗木品种、质量、价格、供应能力等多方面入手，严格按照计划选择苗木。要严格按照三埋、二踩、一提苗的原则种植，认真按照专业技术人员指导植树的方法、步骤、注意事项完成，既保证整齐美观，又能确保成活率。

①三埋。所谓三埋就是植树填土分3层，即挖坑时要将挖出的表层土1/3、中层土1/3、底层土1/3分开堆放。在栽植前先将表层土填于坑底，然后将树苗放于坑内，使中层土还原，底层土是起封口使用。

②二踩。所谓二踩就是中层土填过后进行人工踩实，封堆后再进行一次人工踩实，可使根部周围土密实，保苗抗倒。

③一提苗。所谓一提苗就是指有根系的树苗，待中层土填入后，在踩实之前先将树苗轻微上提，使弯曲的树根舒展，便于扎根。

3.堤防绿化在管理上下功夫

巍巍长堤，人、水、树相依，堤、树、河相伴。堤防变成绿色风景线。这需要提防树木的“保护伞”的支撑。

(1)加强法律法规宣传，加大对沿堤群众的护林教育。

利用电视、广播、宣传车、散发传单、张贴标语等各种方式进行宣传，目的是使广大群众从思想上认识到堤防绿化对保护堤防安全的重要性和必要性，增强群众爱树、护树的自觉性，形成全员管理的社会氛围。对乱砍滥伐的违法乱纪行为进行严格的查处，增强干部群众的守法意识，自觉做环境的绿化者。

(2)加强树木管护,组织护林专业队。

根据树木的生长规律,时刻关注树木的生长情况,做好保墒、施肥、修剪等工作,满足树木不同时期生长的需要。

(3)防治并举,加大对林木病虫害防治的力度。

在沿堤设立病虫害观测站,坚持每天巡查,一旦发现病虫害,及时除治,及时总结树木的常见病、突发病害,交流防治心得、经验,控制病虫害的泛滥。

4.堤防防护林发展目标

(1)抓树木综合利用,促使经济效益最大化。

为创经济效益和社会效益双丰收,在路口、桥头等重要交通路段,种植一些既有经济价值,又有观赏价值的美化树种,来适应旅游景观的要求,创造美好环境,为打造水利旅游景观做基础。

(2)乔灌结合种植,缩短成才周期。

乔灌结合种植,树木成材快,经济效益明显。乔灌结合种植可以保护土壤表层的水土,有效防止水土流失,协调土壤水分。另外,灌木的叶子腐烂后,富含大量的腐殖质,既能防止土壤板结,又能改善土壤环境,促使植物快速生长,形成良性循环,缩短成才的周期。

(3)坚持科技兴林,提升林业资源多重效益。

在堤防绿化实践中,要勇于探索,大胆实践及科学造林。积极探索短周期速生丰产林的栽培技术和管理模式。加大林木病虫害防治力度。管理人员经常参加业务培训,实行“走出去、引进来”的方式,不断提高堤防绿化水准。

(4)创建绿色长廊,打造和谐的人居环境。

为了满足人民日益提高的物质文化生活的需要,在原来绿化、美化的基础上,建设各具特色的堤防公园,使其成为人们休闲娱乐的好去处,实现经济效益、社会效益的双丰收。

(四)生态堤防建设

1.生态堤防建设概述

(1)生态堤防的含义。

生态堤防是指恢复后的自然河岸或具有自然河岸水土循环的人工堤防。主要是通过扩大水面积和绿地、设置生物的生长区域、设置水边景观设施、采用天然材料的多孔性构造等措施来实现河道生态堤防建设。在实施过程中要尊重河道实际情况,根据河岸原生态状况,因地制宜,在此基础上稍加“生态加固”,不要做过多的人为建设。

(2)生态堤防建设的必要性。

原来河道堤防建设,仅是加固堤岸、裁弯取直、修筑大坝等工程,满足人们对于供水、防洪、航运的多种经济要求。但水利工程对于河流生态系统可能造成不同程度的负面影响:一是自然河流的人工渠道化,包括:平面布置上的河流形态直线化,河道横断面几何规则化,河床材料的硬质化;二是自然河流的非连续化,包括:筑坝导致顺水流方向的河流非连续化,筑堤引起了侧向的水流连通性的破坏。

(3)生态堤防的作用。

生态堤防在生态的动态系统中具有多种功能,主要表现在以下几个方面。

①成为通道,具有调节水量、滞洪补枯的作用。堤防是水陆生态系统内部及相互之间生态流流动的通道,丰水期水向堤中渗透储存,减少洪灾;枯水期储水反渗入河或蒸发,起着滞洪补枯、调节气候的作用。

②过滤的作用,提高河流的自净能力。生态河堤采用种植水中植物,从水中吸取无机盐类营养物,利于水质净化。

③能形成水生态特有的景观。堤防有自己特有的生物和环境特征,是各种生态物种的栖息地。

(4)生态堤防建设效益。

生态堤防建设改善了水环境的同时,也改善了城市生态、水资源及居住条件，并强化了文化、体育、休闲设施，使城市交通功能、城市防洪等再上新的台阶。对于优化城市环境，提升城市形象，改善投资环境，拉动经济增长，扩大对外开放，都将产生直接影响。

2. 堤防建设的生态问题

(1)对天然河道裁弯取直。

天然河流是蜿蜒弯曲、分叉不规则的，宽窄不一、深浅各异。在以往的堤防建设中，过多地强调"裁弯取直"，堤线布置平直单一，使河道的形态不断趋于直线化，导致整个河道断面变为规则的矩形或组合梯形断面，使河道断面失去了天然不规则化形态，从而改变了原有河道的水流流态，对水生生物产生了不良影响。

(2)追求保护面积的最大化。

以往的堤防设计往往追求最大的保护面积。堤线紧靠岸坡坡顶布置，导致河槽变窄，河漫滩也不复存在，从而失去了原有天然河道的开放性，使生物的生长发育失去了栖息环境。

(3)现场施工无序。

堤防施工对生态环境产生破坏，施工后场地沟壑纵横、土壤裸露、杂乱无章，引起水土流失，破坏了原有的生态环境。

(4)对岸坡的硬质化处理。

对岸坡的处理，一般多采用"硬处理"，也就是采用大片的干砌石、浆砌石或混凝土护坡，忽视生态的防护措施的研究和应用，对生态环境的影响非常严重。

3. 解决堤防生态问题的对策

(1)堤线和堤型的选择。

堤线布置及堤型选择河流形态的多样化是生物物种多样化的前提之一。河流形态的规则化、均一化，会在不同程度上对生物多样性造成影响。堤线的布置要因地制宜，尽可能保留江河湖泊的自然形态，保留或恢复其蜿蜒性状态，如保留或恢复湿地、河湾、急流和浅滩。

(2)河流断面设计。

自然河流的纵、横断面也显示出多样性的变化,浅滩与深潭相间。

(3)岸坡的防护。

岸堤是水陆过渡地带,是水生物繁衍和生息的场所,岸坡的防护将对生态环境产生直接影响。以往在岸坡防护方面多采用“硬处理措施”,即在坡中、坡顶进行削坡、修坡,在坡脚修筑齿墙并抛石防冲,很少考虑“软处理措施”,即生态防护措施的应用,导致河道渠化,岸坡植被遭破坏,河道失去原来的天然形态。因此,重视“软处理措施”或“软硬结合处理措施”的应用是十分必要的。

①尽可能保持岸坡的原来形态,尽量不破坏岸坡的原生植被,局部不稳定的岸坡可采用工程措施加以处理,避免大面积削坡,导致全堤段岸坡断面统一化。

②尽可能少用单纯的干砌石、浆砌石或混凝土护坡,宜采用植物护坡,在坡面种植适宜的植物,达到防冲固坡的目的,或采用生态护坡砖。为增强护坡砖的整体性,可采用互锁式护坡砖,中间预留适当大小的孔洞,以便种植固坡植物(如香根草、蟛蜞菊等),固坡植物生长后,将护坡砖覆盖。既能达到固坡防冲的目的,又能绿化岸坡,使岸坡保持原来的植被形态,为水生生物提供必要的生活环境。

③尽可能保护岸坡坡脚附近的深潭和浅滩,这是河床多样化的表现,为生物的生长提供栖息场所,增加与生物的和谐性。坡脚附近的深潭以往一般认为是影响岸坡稳定的主要因素之一,因此,常采用抛石回填,实际上可以采取多种联合措施,减少或避免单一使用抛石回填,从而保护深潭的存在。比如,将此处的堤轴线内移,减少堤身荷载对岸坡稳定的影响,或者在坡脚采用阻滑桩处理,等等。

(4)对已建堤防作必要的生态修复。

由于认识和技术的局限性,以往修筑的一些堤防,尤其是城市堤防对生态环境产生的负面影响是存在的,可以采用必要的补救措施,尽可能地减少或消除对生态环境的影响，而植物措施是最为经济有效的。如对影响面较大的硬质护坡，可采用打孔种植固坡植物，覆盖硬质护坡，使岸坡恢复原有的绿色状态，也可结合堤防的扩建，对原有堤防进行必要的改造，使其恢复原有的生态功能。[①]

二、围堰施工

（一）围堰的基本形式和构造

1.土石围堰

土石围堰是水利工程中采用最为广泛的一种围堰形式。它是用当地材料填筑而成的围堰，不仅可以就地取材和充分利用开挖弃料做围堰填料，而且构造简单，施工方便，易于拆除，工程造价低，可以在流水中、深水中、岩基或有覆盖层的河床上修建，但其工程量较大，堰身沉陷变形也较大。

因土石围堰断面较大，一般用横向围堰，但在宽阔河床的分期导流中，由于围堰束窄河床增加的流速不大，也可作为纵向围堰，但需注意防冲设计，以保围堰安全。

土石围堰的设计与土石坝基本相同，但其结构在满足导流期正常运行的情况下应力求简单，便于施工。

2.混凝土围堰

混凝土围堰的抗冲与防渗能力强，挡水水头高，底宽小，易于与永久混凝土建筑物相连接，必要时还可以过水，因此，应用比较广泛。在国外，采用拱形混凝土围堰的工程较多。

（1）拱形混凝土围堰。

拱形混凝土围堰，一般适用于两岸陡峻、岩石坚实的山区河流，常采

---

①杨念江，朱东新，叶留根.水利工程生态环境效应研究[M].长春：吉林科学技术出版社，2022.

用隧洞及允许基坑淹没的导流方案。通常围堰的拱座是在枯水期的水面以上施工的。在围堰的基础处理方面,当河床的覆盖层较薄时需进行水下清基,若覆盖层较厚,则可灌注水泥浆防渗加固。堰身的混凝土浇筑则要进行水下施工,因此,难度较高。在拱基两侧要回填部分沙砾料以利于灌浆,形成阻水帷幕。

拱形混凝土围堰由于利用了混凝土抗压强度高的特点,与重力式混凝土围堰相比,断面较小,可节省混凝土工程量。

(2)重力式混凝土围堰。

采用分段围堰法导流时,重力式混凝土围堰往往可兼做第一期和第二期纵向围堰,两侧均能挡水,还能作为永久建筑物的一部分,如隔墙、导墙等。

重力式混凝土围堰可做成普通的实心式,与非溢流重力坝类似,也可做成空心式。纵向围堰需抗御高速水流的冲刷,所以一般均修建在岩基上。为保证混凝土的施工质量,一般可将围堰布置在枯水期出露的岩滩上。如果这样还不能保证干地施工,则需另修土石低水围堰加以围护。现在重力式混凝土围堰有普遍采用碾压混凝土浇筑的趋势。

3. 钢板桩格形围堰

钢板桩格形围堰是重力式挡水建筑物,由一系列彼此相接的格体构成。按照格体的平面形状,可分为圆筒形格体、扇形格体和花瓣形格体。这些形式适用于不同的挡水高度,应用较多的是圆筒形格体。钢板桩格形围堰是由许多钢板桩通过锁口互相连接而成为格形整体。钢板桩的锁口有握裹式、互握式和倒钩式三种。格体内填充透水性强的填料。在向格体内进行填料时,必须保持各格体内的填料表面大致均衡上升,高差太大会使格体变形。

钢板桩格形围堰具有坚固、抗冲、防渗、围堰断面小、便于机械化施工等优点,尤其适用于束窄度大的河床段作为纵向围堰使用。

圆筒形格体钢板桩格形围堰,一般适用的挡水高度小于15～18m,可以建在岩基上或非岩基上,也可作为过水围堰用。圆筒形格体钢板桩格形围堰的修建由定位、打设模架支柱、模架就位、安插钢板桩、打设钢板桩、填充料渣、取出模架及其支柱和填充料渣到设计高程等工序组成。圆筒形格体钢板桩围堰一般需在流水中修筑,受水位变化和水面波动的影响较大,施工难度较大。

4.草土围堰

草土围堰是一种以麦草、稻草、芦柴、柳枝、土为主要原料的草土混合结构,我国运用它已经有两千多年的历史。这种围堰主要用于黄河流域的渠道修堵口工程中。

草土围堰施工简单、速度快、取材容易、造价低、拆除也方便,具有一定的抗冲、抗渗能力,堰体的容重较小,特别适用于软土地基。但这种围堰不能承受较大的水头,所以仅限水深不超过 6m、流速不超过 3.5m/s、使用期两年以内的工程。草土围堰的施工方法比较特殊,就其实质来说也是一种进占法。按其所用草料形式的不同,可以分为散草法、捆草法、埽捆法三种。按其施工条件可分为水中填筑和干地填筑两种。由于草土围堰本身的特点,水中填筑质量比干填法更容易保证,这是与其他围堰所不同的,实践中的草土围堰,普遍采用捆草法施工。

围堰的平面布置主要包括围堰内基坑范围确定和分期导流纵向围堰布置两个方面。

(1)围堰内基坑范围确定。

围堰内基坑范围大小主要取决于主体工程的轮廓和相应的施工方法。当采用一次拦断法导流时,围堰基坑是由上下游围堰和河床两岸围成的,当采用分期导流时,围堰基坑是由纵向围堰与上下游横向围堰围成的。在上述两种情况下,上下游横向围堰的布置,都取决于主体工程的轮廓。通常基坑坡趾到主体工程轮廓的距离不小于 30m,以便布置排水设施、交通运输道路、堆放材料和模板等。至于基坑开挖边坡的大小,则与地质条件有关。

当纵向围堰不作为永久建筑物的一部分时，基坑坡趾到主体工程轮廓的距离，一般不小于2m，以便布置排水导流系统和堆放模板，如果无此要求，只需留0.4～0.6m。

实际工程的基坑形状和大小往往是不相同的。有时可以利用地形以减少围堰的高度和长度；有时为了照顾个别建筑物施工的需要，将围堰轴线布置成折线形；有时为了避开岸边较大的溪沟，也采用折线布置。为了保证基坑开挖和主体建筑物的正常施工，基坑范围应当留有一定富余。

(2)分期导流纵向围堰布置。

在分期导流方式中，纵向围堰布置是施工中的关键问题，选择纵向围堰位置，实际上就是要确定适宜的河床束窄度。束窄度就是天然河流过水面积被围堰束窄的程度。

①地形地质条件。河心洲、浅滩、小岛、基岩露头等，都是可供布置纵向围堰的有利条件，这些部位便于施工，并有利于防冲保护。

②水工布置。尽可能利用厂坝、厂闸、闸坝等建筑物之间的隔水导墙作为纵向围堰的一部分。

③河床允许束窄度。允许束窄度主要与河床地质条件和通航要求有关。对于非通航河道，因河床易冲刷，一般均允许河床产生一定程度的变形，只要能保证河岸、围堰堰体和基础免受冲刷即可。束窄流速常可允许达到3m/s左右，岩石河床允许束窄度主要视岩石的抗冲流速而定。

④导流过水要求。进行一期导流布置时，不仅要考虑狭窄河道的过水条件，而且要考虑二期截流与导流的要求。主要应考虑的问题是：一期基坑中能否布置宣泄二期导流流量的泄水建筑物，由一期转入二期施工时的截流落差是否太大。

⑤施工布局的合理性。各期基坑中的施工强度应尽量均衡，一期工程施工强度可以比二期低些，但不宜相差太大。如果有可能，分期分段数应尽量少一些，导流布置应满足总工期的要求。

以上五个方面，仅仅是选择纵向围堰位置时应考虑的主要问题。如果天然河槽呈对称形状,没有明显有利的地形地质条件可供利用时,可以通过经济比较方法选定纵向围堰的适宜位置,使一、二期总的导流费用最小。

分期导流时,上下游围堰一般不与河床中心线垂直,围堰的平面布置常呈梯形,既可使水流顺畅,同时也便于运输道路的布置和衔接。当采用一次拦断法导流时,上下游围堰不存在突出的绕流问题,为了减少工程量,围堰多与主河道垂直。

纵向围堰的平面布置形状,对于过水能力有较大影响。但是,围堰的防冲安全,通常比前者更重要。实践中常采用流线型和挑流式布置。

(二)围堰的拆除

围堰是临时建筑物,导流任务完成后,应按设计要求拆除,以免影响永久建筑物的施工及运转。例如,在采用分段围堰法导流时,如果第一期横向围堰的拆除不符合要求,势必会增加上下游水位差,从而增加截流工作的难度,增加截流料物的重量及数量。

土石围堰相对来说断面较大,拆除工作一般在运行期限的最后一个汛期过后,随上游水位的下降,逐层拆除围堰的背水坡和水上部分。但必须保证依次拆除后所残留的断面能继续挡水和维持稳定,以免发生安全事故,使基坑过早淹没,影响施工。土石围堰的拆除一般可采用挖土机或爆破开挖等方法。

钢板桩格形围堰的拆除,首先,要用抓斗或吸石器将填料清除,其次,用拔桩机起拔钢板桩。混凝土围堰的拆除,一般只能用爆破法炸除,但应注意,必须使主体建筑物或其他设施不受爆破危害。

第二章　水利工程管理理论基础

第一节　水利工程与水利工程管理

一、我国水利工程在国民经济和社会发展中的地位

我国作为一个水利强国，水利工程不仅是对抗洪水灾害、确保水资源供应和优化水环境的关键基础设施，而且在我国的经济体系中扮演着至关重要的角色。水利工程在防洪减灾、确保粮食安全、保障供水安全和推动生态建设等多个方面发挥了至关重要的保障作用，其公益性、基础性、战略性是不容置疑的。水利建设在推动经济增长、维护社会和谐、确保供水与食品供应、提升民众的生活品质，以及改进居住和生态环境等多个领域都起到了至关重要的角色。

我国历来都高度重视水利工程的发展，治水的历史源远流长，可以说，一部中华文明的历史就是中国人民治水的历史。水利事业的进步对国家的长远发展有着直接的影响，因此，解决水利问题成了一个具有历史意义的挑战。随着人类步入 21 世纪，科技发展日新月异，为了彻底解决水患问题，各式各样的水利工程也陆续开始建设。尤其是在过去的十年中，水利工程的投资规模每年都在增长，许多大型的水利项目在各地陆续启动，逐渐构建了一个包括防洪、排洪、灌溉、供水和发电在内的综合工程体系。显然，水利工程构成了支撑国民经济增长的基石，它对国民经济的支持能力主要体现在满足国民经济发展所需的资源性水，供应生产和生活用水，以及提供与水资源相关的经济活动基础，如航运和养殖等。此外，水利工程还为国民经济发展提供了环境友好的用水需求，并在净化污

水、容纳污染物和减缓污染物对生态环境的冲击方面发挥了重要作用。如果从商品和服务的角度来看，水利工程为我国的经济增长提供了如经济商品、生态服务，以及环境服务等多方面的支持。

多年来，洪水灾害不仅是全球多个国家普遍面临的重大自然灾害之一，同时也是中华民族内心深处的一大威胁。由于我国的水文环境相当复杂，水资源在时间和空间上的分布并不均匀，与生产力的整体布局存在不匹配的情况。由于我国特有的国情和水资源状况，社会发展对水利工程科学管理有着迫切的需求，其中也包括了水旱灾害防治的任务。我国作为全球水旱灾害最频繁和威胁最大的国家，几千年来水利一直是中华民族生存和发展的核心问题。我国拥有全球最庞大的人口，这使得其支撑的人口经济规模异常庞大，位列世界第二大经济体。在过去的三十年里，我国创下了全球最快的经济增长速度，但同时也面临着巨大的生态压力。我国的生态环境整体上相当脆弱，庞大的人口规模和快速的经济增长导致了生态环境系统的持续退化。随着人口数量的逐渐增加和城市化进程的加速，由干旱引发的水资源短缺问题持续扩大，同时干旱带来的风险和损失也将不断增加。随着经济和社会的飞速进步，水利工程在防洪和减少灾害方面取得了显著进展。因此，一系列与国家经济和民众生活息息相关的关键水利工程已经开始了建设工作。

在促进经济和社会发展的过程中，大规模的蓄水、引水和提水项目有效地提升了我国在水资源管理和城乡供水保障方面的能力。供水工程的建设为我国的经济增长、农业生产，以及民众的日常生活创造了关键的供水条件，起到了至关重要的支持角色。农村的饮水安全人数、全国的水电装机容量，以及水电的年度发电量都呈现出明显的增长趋势。由于水利工程的建设和科学管理的影响，全国的水土流失综合治理区域也在逐渐扩大。①

水利工程之所以发挥如此重要的作用，与科学的水利工程管理密不

①褚峰，刘罡，傅正. 水文与水利工程运行管理研究[M]. 长春：吉林科学技术出版社，2021.

可分。由此可见,水利工程管理在我国国民经济和社会发展中占据十分重要的地位。

二、我国水利工程管理的地位

工程管理可以定义为:为了达到预定的目标并高效地使用资源,对工程进行的各种决策、规划、组织、指导、协调和控制,实际上是对技术相关活动的规划、组织、资源配置,以及指导和管理的一种科学与艺术结合。工程管理的核心目标和对象是工程项目,它涉及专业人士运用科学原理对自然资源进行一系列的改造和优化,从而为人类的各种活动提供了更多的便捷条件。在工程建设过程中,不仅需要运用物理、数学和生物等基础学科的知识,还需要在日常生产和生活实践中不断地积累和总结经验。水利工程管理是工程管理理论和方法论体系的一个重要组成部分。它既有与一般专业工程管理相似的共性,又有与其他专业工程管理不同的特殊性。其工程的公益性(包括经营性、安全性、生态性等特点)使得水利工程管理在工程管理体系中占有独特的位置。水利工程管理不仅是生态管理、低碳管理和循环经济管理的重要组成部分,也是构建“两型”社会的关键手段。它可以作为我国工程管理的焦点和示范项目,对于推动我国经济发展模式的转变、走向可持续发展道路,以及建设创新型国家具有深远的影响。

水利工程的管理从项目开始到结束,都涉及对其质量、安全性、经济性、适用性、美观性和实用性等多个方面的科学和合理管理,旨在最大化工程效果并提高其使用价值。水利工程项目因其庞大的规模、复杂的施工环境、众多的涉及环节、广泛的服务范围、多样的影响因素、众多的组成部分和完备的功能系统,其技术水平仍需进一步提升。在项目的设计规划、地形勘查、现场管理,以及施工建筑的各个阶段,都可能出现各种问题或遗漏。此外,由于水利设备长时间在水中工作,并受到外部环境的影响,如压力、腐蚀、渗透和融冻等多种因素,其磨损速度相对较快。因此,为了确保国家和人民的生命财产安全,社会的持续进步和稳定,以及经济的持续发展和繁荣，对水利设备的管理和维护显得尤为关键。

第二节　水利工程管理与社会发展

一、对社会稳定的作用

对水利工程的有效管理有助于建立一个科学合理的防洪机制，该机制不仅能减缓洪水灾害的影响，还能确保人民的生命安全和财产安全，以及社会的稳定性。我国的主要河流已经初步建立了以堤防、河道整修、水库和蓄滞洪区为核心的防洪工程体系，这在抵御洪水灾害中起到了关键作用，对社会的稳定大有裨益。

社会的稳定性首要考虑的是人与人、各种社会团体，以及不同的社会组织之间的相互关系。利益关系是这种关系的核心，它与分配有着紧密的联系，利益的合理分配是决定社会稳定性的关键因素。科学的水利工程管理不仅有助于水利工程的建设和维护，还能提高水利工程沿岸居民的收入水平，缩小贫富差距，改善分配不均的情况，从而有助于维护社会的稳定。通过科学的水利工程管理，我们可以建立一个社会稳定的风险控制系统，从而最大限度地减少社会稳定的风险，确保社会的持续稳定。鉴于水利工程本质上是一个大规模的国家民生项目，大多数水利工程都是基于百年一遇的洪水来设计的，很难确定是否会遭遇更大流量的洪水。当发生更大规模的洪水时，所带来的经济损失将是巨大的，并可能触发社会的稳定性问题，但通过科学的水利工程管理，这些损失可以被最大程度地减少。水利工程的建设有可能导致大规模的人口迁移，而这些被迫离开家乡的人们能否得到适当的安置也与社会的稳定性有着密切的联系，因此，在这种情况下，依赖科学合理的水利工程管理变得尤为重要。

大型水利工程的移民促进了汉族与少数民族之间的经济、文化交流。促进了内地和西部少数民族的平等、团结、互助、合作、共同繁荣的谁也离不开谁的新型民族关系的形成。工程是文化的载体。而水利工程文化是在工程活动中所表现或体现出来的各种文化形态的集结或集合。水利工程在工程活动中会形成共同的风格、共同的语言、共同的办事方法及共同的行为规则。作为规则，水利工程活动包含着决策程序、审美取向、验收标准、环境和谐目标、建造目标、施工程序、操作守则、生产条例、劳动纪律等，这些规则促进了水利工程文化的发展，哲学家将其上升为哲理指导人们水利工程活动。李冰在修建都江堰水利工程的同时也修建了中华民族治水文化的丰碑，这是中华民族治水哲学的升华。都江堰水利工程是一部水利工程科学全书：它包含系统工程学、流体力学、生态学，体现了尊重自然、顺应自然规律并把握其规律的哲学理念。它留下的"治水"三字经、八字真言——"深淘滩、低作堰"、"遇弯截角、逢正抽心"，至今仍是水利工程活动的主导哲学思想，其哲学思想促进了民族同胞的交流，促进民族大团结。再者，水利工程能发挥综合的经济效益，给社会经济的发展提供强大的清洁能源支持，为养殖、旅游、灌溉、防洪等提供条件，从而提高相关区域居民的物质生活条件，促进社会稳定。水利工程管理对社会稳定的主要作用如下。

第一，水利工程的管理确保了社会的安全稳定。水利工程在最初阶段的主要功能是起到防洪的作用，从而降低洪水灾害的可能性。洪水的出现不仅对社会经济的稳健增长造成威胁，而且对广大人民的生命和财产安全也带来了不小的威胁。通过在河流上游建设水库，并在河流下游进行更广泛的排洪活动，使得河流的防洪性能得到了显著的增强。伴随着经济和社会的飞速进步，水利建设的步伐也在不断加速。以三峡工程和南水北调工程为代表，一系列与国家经济和人民生活息息相关的关键水利工程已经陆续进入了建设、使用和管理的各个阶段。目前，我国已经初步建立了大江大河大湖的防洪排水系统，有效地控制了常见洪水，抵抗了大洪水和特大洪水，减轻了洪涝灾害的损失。

第二，水利工程的管理能够有效推动农业的生产活动。水利工程对农业产生了显著的效果，通过加强水利设施的建设，我们可以确保农田得到充足的灌溉，从而提高农业生产的效益，并助力农民实现高产和增加收入。灌溉项目为农业,尤其是粮食的稳定产出和高产量,提供了有益的基础条件,为农业的持续发展和稳定发展奠定了基石,并进一步加强了农业在全国经济中的核心地位。

第三,通过水利工程的管理,可以有效提升城乡居民的生产和生活品质。大规模的蓄水、引水和提水项目显著增强了我国在水资源管理和城乡供水保障方面的能力。水利工程的管理为城市和农村提供了纯净的水资源,这不仅有效地促进了社会经济的稳健增长,确保了广大人民的生活水平,同时也在某种程度上推动了经济和社会的持续健康发展。此外,在扶贫工作中,大部分的水利项目,尤其是大型的水利关键节点,都选择在高山峡谷和人迹罕至的地方进行建设。这些关键节点的建立极大地推动了该地区经济和社会的进步,有时甚至可能实现飞跃式的增长。①

二、对和谐社会建设的推动作用

社会主义的和谐社会代表了人类不懈追求的理想社会,这也是马克思主义政党持续努力追求的社会愿景。人与自然之间的和谐相处是社会主义和谐社会的显著特点,其中,人与水之间的联系被认为是人与自然关系中最为紧密的部分。只有加大和谐社会的建设力度,才能确保人与水的和谐共生,实现人与自然的和谐关系,并推动水利工程的持续发展。水利工程的进展与构建和谐社会之间存在着紧密的联系,水利工程的发展为和谐社会的建设提供了关键的基石和强大的支持,进一步促进了和谐社会的形成。

水利工程的各项活动与社会进步有着密切的联系,构建和谐社会也离不开这些水利工程活动。建立现代水利工程的观念,加强其整体整合的意识,对于构建和谐的社会环境是有益的。从历史角度审视,东西方的文化对于人与自然之间的联系持有各自独特的见解。古代的中国哲学强调人与自然之间的和谐关系,以及“天人合一”的理念,如都江堰水利工程

---

①沈英朋,杨喜顺,孙燕飞.水文与水利水电工程的规划研究[M].长春:吉林科学技术出版社,2022.

便是这种“天人合一”理念的最佳代表。自然是人类进行认知和改造的目标，而工程活动则是人类对自然进行改造的实际手段。传统上，水利工程活动往往被看作是一种改变自然的手段，人们可以无节制地从自然中获取资源来满足自己的需求，这种观点使得水利工程成为损害人与自然和谐关系的主要因素。随着社会的进步，社会系统与自然系统之间的互动逐渐加强，水利工程活动不仅会对自然界产生影响，同时也会对社会的运行和发展产生影响。在进行水利工程的各种活动时，经常会碰到系统内外的客观规律如何相互影响的问题。在水利工程研究中，如何协调它们之间的相互关系成了一个核心议题。因此，我们应当以现代和谐水利工程的理念为导向，培养水利工程的综合整合意识，并加速构建和谐社会的进程。为了确保大型水利工程活动与和谐社会的标准保持一致，我们必须采用现代水利工程的观点来指导和协调社会、科学、生态的规律，全面考虑各种需求，并努力实现它们之间的和谐与冲突。我们需要摈弃传统的水利工程思维和其实施方式，深入研究现代水利工程观念中存在的问题，并揭示大型水利工程与政治、经济、文化、社会、环境等多方面的互动特性和固有规律。在进行水利工程的规划、设计和实施过程中，我们要采用科学的水利工程管理方法，将潜在的冲突转化为和谐，为构建和谐社会作出重要贡献。

人与自然之间的和谐关系是社会和谐的核心特质和基础保障，其中，水利管理是实现人与自然和谐共生的关键环节。人与水之间的相互关系不仅直接塑造了人与自然之间的相互作用，还进一步影响了人与人、人与社会之间的相互关系。在生态环境遭受重大损害、民众的生活和生产环境持续恶化的情况下，如果资源和能源的供应变得极度紧张，并且经济增长与资源能源之间的矛盾变得尖锐，那么人与人、人与社会之间的和谐关系将难以达成。科学管理水利工程的目标是实现可持续发展，我们尊重、善待和保护自然，并严格遵循自然经济的原则。我们坚持防洪和抗旱相结合的原则，平衡开发和节约，根据水资源来决定发展方向。在保护和开发的过程中，我们也注重水资源保护。根据不同的开发要求，如优化、重点、限制和禁止,我们明确了不同河流或河段的功能,并采取科学合理的开发策略,同时加强了生态保护。当我们限制水的流动时,也必须对人们的行为加以约束;在避免水对人类造成伤害的过程中,我们还需注意防止人类对资源滥用;在开发、使用和管理水资源的过程中,我们更应重视水资源的分配、节省和维护。我们正从一个追求利润、根据需求确定供应的模式,转变为一个"高投入、高消耗、高排放、低效益"的粗放型增长模式,进而向"低投入、低消耗、低排放、高效益"的集约型增长模式转型;经济增长不再是唯一的追求目标,而是与生态系统的保护相结合,全面权衡各种利与弊,大幅推进循环经济和清洁生产,调整经济布局,创新发展策略,节约能源和减少消耗,同时致力于环境保护。为了进一步规范和调整与水有关的人与人、人与社会之间的关系,我们采用了水利工程管理手段,并实施了自律式的发展策略。科学化的水利工程管理不仅有助于水资源的科学管理,还能在防洪和减灾方面为河流提供更多的空间和洪水的出口。通过建立和完善工程与非工程的综合体系,以及合理地利用雨洪资源,可以最大限度地减少灾害造成的损失,从而维护社会的稳定性。面对水资源的短缺问题,我们需要平衡生活、生产和生态的用水需求,全方位地推进节水社会的建设,并大幅度提升水资源的使用效益;在进行水土保持的生态建设时,我们需要加大对预防、监控、治理和保护的力度,充分利用大自然的自我恢复机制,从而优化生态环境;在保护水资源的过程中,我们需要加强对水功能区的管理,出台水源地保护的监管政策和标准,确定水域的纳污能力和总量,并严格执行排污权的管理。按照法律对排放进行限制,努力确保人民的饮用水安全,从而助力构建和谐的社会环境。概括起来,水利工程管理对和谐社会建设的作用如下。

第一,水利工程管理通过改变供电方式有利于经济、生态等多方面和谐发展。

无论是我国的水电设备容量还是水利项目的发电能力,都在全球范围内处于领先地位。农村小型水电设施的建设,极大地促进了农村乡村企业的成长,并为农产品的深度加工和农田灌溉等方面作出了显著贡献。

三峡水利工程、小浪底水利工程和二滩水利工程等一系列具有全球影响力的水利工程项目的实施,标志着我国在水力发电建设方面已经步入了一个极为关键的发展阶段。

第二,水利工程管理有助于保护生态环境,促进旅游等第三产业发展。

水利工程建设在环境改善方面作出了显著的贡献。特别是在水土保持和小流域综合治理方面,使生态环境得到了显著改善。水力发电的发展也减缓了环境污染,并对大气环境产生了积极影响。农村的小水电项目不仅解决了能源短缺问题,还为封山育林和植被恢复创造了有利条件。此外,污水的处理和再利用,以及河湖的保护和治理也有效地维护了生态环境。

第三,水利工程管理具有多种附加值,有利于推动航运等相关产业发展。

在水利工程的设计、施工、运营和维护管理中,科学的管理有助于挖掘水利工程的其他附加价值,如航运行业的迅速崛起。内河运输具有一个显著的优势,那就是其成本相对较低。利用水路运输不仅可以增加货物的运输量,还能有效地降低运输成本,从而在满足交通发展需求的同时,也推动了经济的快速增长。水利工程的兴建与管理使得内河运输得到了发展,长江的"黄金水道"正是在水利工程的不断完善和兴建的基础之上得到发展和壮大的。

第三节 水利工程管理与生态文明

一、对资源节约的促进作用

为了维护生态环境,节约资源是最基本的策略。资源节约涉及价值观、生产模式、生活习惯、行为习惯,以及消费习惯等多个方面的全面改革,这不仅影响到各个行业,还与每个企业、组织、家庭和个人息息相关,因此，需要全体公民的积极参与。为了在全社会中广泛培养节约资源的意识，我们必须采取多种方法，大力推广珍惜和节约资源的观念。我们需要明确并坚定地建立节约资源的观念，形成社会对节约资源的共同理解和行动，并鼓励全社会齐心协力，共同创建一个资源节约和环境友善的社会。资源是推动社会生产增长和提高居民生活质量的关键支柱，节约资源的核心目标并不是削减生产或降低居民的消费水平。相反，它旨在通过生产相同数量的产品来减少资源消耗，或者使用相同数量的资源来生产更多的产品和创造更高的价值，从而更有效地满足人民群众在物质和文化生活方面的需求。因此，改变资源的使用模式并促进资源的高效使用，是实现资源节约和高效利用的基础路径。我们需要借助科技的创新和进步，深度探索资源的使用效率，确保资源的使用效率持续上升，真正达到资源的高效使用，并以最少的资源消耗来支持经济和社会的进步。科学化的水利工程管理不仅有助于优化水资源管理体系，还能加强对水源地的保护和总体用水管理，同时，也能加强用水总量的控制和定额管理。此外，它还能制定和优化江河流域的水量分配方案，推动水资源的循环利用，并有助于构建节水社会。通过科学的水利项目管理，我们可以更高效地使用水资源并降低资源的使用。

随着我国经济和社会的迅速进步以及人民生活水平的提升，对水资源的需求与水资源的时空分布不均和水污染问题日益严重，这为构建一个资源节约和环境友善的社会造成了压力。人的生命之源位于田地，面对人口的增加和耕地的减少，为确保国家的粮食安全，农田水利设施的建设面临着更为严格的标准。在进行水利工程建设时，我们必须正确平衡经济社会发展与水资源之间的关系，全方位地考虑水的资源功能、环境功能和生态功能，以实现水资源的合理开发、优化配置、全面节约和有效保护。

二、对环境保护的促进作用

通过科学的管理水利工程，我们可以更科学地利用水资源，并进一步加强对水资源的守护,这对于环境的保护具有积极的推动效果。水利不仅是现代化进程中不可缺少的基础条件,也是经济和社会发展不可或缺的支柱,更是生态环境持续改善的关键保障系统,具备显著的公共利益、基础性和战略价值。

科学的管理水利工程不仅可以加速水力发电项目的进度,而且水电作为一种环保能源,其发展将有助于降低污染物排放,从而更好地保护环境。与火力发电和其他传统的发电方式相比,水力发电在排放污染物方面具有独特的优势。其成本相对较低,主要是利用水流带来的能量,而不需要消耗其他的动力资源。直接使用水能进行发电,基本上不会产生任何污染物的排放。

通常,地域性的气候是由大气环流所决定的。但随着大型和中型水库的建设,以及灌溉工程的实施,原先的陆地已经转变为水域或湿地,这使得某些地方的地表空气变得更加湿润。这种变化对当地的微气候产生了明显的影响,尤其是对降雨、气温、风和雾等气象要素产生的变化。通过科学的水利项目管理,我们可以对特定地区的气候产生影响,并根据实际情况和时机进行调整,从而有助于水土的保护。水土保护不仅是生态建设的核心部分,也是资源利用和经济发展的基石。通过科学的水利工程管理,我们可以迅速地控制水土流失,提高水资源的使用效率。同时,通过鼓励退耕还林、还草和封禁保护措施,我们可以加速生态的自我修复,实现生态环境的良性循环,从而改善生产、生活和交通状况,为开发创造一个更好的建设环境起到关键的推动作用。

大型水利工程不仅是一个综合效益巨大的水利枢纽项目,也是一个对生态环境进行改造的重要工程。人工自然是指为了满足人们的生活和发展需求,人们对自然环境进行了改造,并建立了一系列的生态工程项目。

三、对农村生态环境改善的促进作用

推动生态文明建设是现代社会进步的核心目标之一。为了建设社会主义新农村并确保乡村环境的整洁，我们必须重视农业水利设施的建设，全面考虑水资源的使用、水土流失和污染等问题，并制定相应的预防和治理措施，以实现农村生态环境的保护和改进。在现代农业建设中，水利工程的管理被视为至关重要的首要条件，它为经济和社会的进步提供了不可替代的基石，同时也是生态环境持续改进的关键保障，它具备显著的公共利益、基本性质和战略意义。推进水利工程的快速发展不仅涉及农业和农村的进步，同时也与整体的经济和社会发展紧密相连；这不仅涉及防洪、供水和粮食的安全性，同时也与经济、生态和国家的安全息息相关。要把水利工程管理工作摆上党和国家事业发展更加突出的位置，着力加快农田水利工程建设和管理，推动水利工程管理实现跨越式发展。[①]

水利工程管理对农村生态环境改善的促进作用可以归纳以下几点。

（一）解决旱涝灾害

水资源在人类的生活和进步中起到了不可或缺的作用。然而，在我国，由于气候条件的差异，水资源在空间上的分布存在很大的不均衡性。南方拥有丰富的水资源，在雨季经常遭受洪水灾害，而北方水资源相对匮乏，经常出现干旱。这两种状况都严重妨碍了农业的正常运作，并对人们的日常生活和生产活动造成了影响。水利工程的科学管理能够有效地解决我国水资源分布的不平衡问题，缓解旱涝灾害的影响，并推动经济持续而健康地发展。

（二）改善局部生态环境

受到经济增长的推动，人们的生活品质逐渐提高，这导致了对资源和能源的需求也随之上升。通过建设和高效管理水利工程，我们不仅能够有力地降低旱涝灾害的影响，还能对特定区域的生态环境进行优化，提高空气的湿度，促进植物的生长，从而为经济增长创造一个有利的环境

---

①常宏伟，王德利，袁云．水利工程管理现代化及发展战略［M］．长春：吉林科学技术出版社，2022.

条件。

（三）优化水文环境

通过水利工程的管理，我们可以对水体的污染状况进行高效的整治，进一步提升河水的质量。以黄河流域为研究对象，上游黄土高原的土地沙化问题日趋严重。当河流经过该地区时，会携带大量的泥沙，导致泥沙淤积和交通拥堵。然而，通过水利工程的建设和蓄水、排水等措施，可以显著提高下游水流的速度，并有效地排除泥沙，从而确保河道的流畅性。

第三章 水利工程质量管理

第一节 水利工程质量管理概述

水利工程项目的施工阶段是根据设计图纸和设计文件的要求，通过工程参建各方及其技术人员的劳动形成工程实体的阶段。这个阶段的质量控制无疑是极其重要的，其中心任务是通过建立健全有效的工程质量监督体系，确保工程质量达到合同规定的标准和等级要求。

一、工程项目质量和质量控制的概念

（一）工程项目质量

质量是反映实体满足明确或隐含需要能力的特性总和。工程项目质量是国家现行的有关法律法规、技术标准、设计文件及工程承包合同对工程的安全、适用、经济、美观等特征的综合要求。

1.从功能和使用价值来看

工程项目质量体现在适用性、可靠性、经济性、外观质量与环境协调等方面。由于工程项目是依据国家规划兴建的，所以各工程项目的功能和使用价值的质量应符合相应的国家规划要点。不同的国家规划决定了工程项目的功能和使用价值质量具有多样性，并无统一标准。

2.从工程项目质量的形成过程来看

工程项目质量包括工程建设各个阶段的质量，即可行性研究质量、工程决策质量、工程设计质量、工程施工质量、工程竣工验收质量。

工程项目质量具有两个方面的含义：一是指工程产品的特征性能，即

工程产品质量；二是指参与工程建设各方面的工作水平、组织管理等，即工作质量。工作质量包括社会工作质量和生产过程工作质量。社会工作质量主要是指社会调查、市场预测、维修服务等。生产过程工作质量主要包括管理工作质量、技术工作质量、后勤工作质量等，最终反映在工序质量上，而工序质量的好坏，直接受人、原材料、机具设备、工艺及环境五方面因素的影响。因此，工程项目质量的好坏是各方面、各环节工作质量的综合反映，而不是单纯靠质量检验查出来的。

（二）工程项目质量控制

质量控制是指为达到质量要求所采取的作业技术和行动，工程项目质量控制，实际上就是对工程在可行性研究、勘测设计、施工准备、建设实施、后期运行等环节的全过程、全方位的质量监督控制。工程项目质量有一个产生、形成和实现的过程，通过控制这个过程中的各环节，可以满足工程合同、设计文件、技术规范规定的质量标准。在我国的工程项目建设中，工程项目质量控制按其实施者的不同，可以分为以下三类。

1.项目法人方面的质量控制

项目法人方面的质量控制主要是委托监理单位依据国家的法律、规范、标准和工程建设的合同文件，对工程建设进行监督和管理。其特点是外部的、横向的、不间断地控制。

2.政府方面的质量控制

政府方面的质量控制是通过政府的质量监督机构来实现的，其目的在于维护社会公共利益，保证技术性法规和标准的贯彻执行。其特点是外部的、纵向的、定期或不定期地抽查。

3.承包人方面的质量控制

承包人主要是通过建立健全质量保证体系，加强工序质量管理，严格执行“三检制”（即初检、复检、终检），避免返工，提高生产效率等方式来进行质量控制。其特点是内部的、自身的、连续地控制。

二、工程项目质量的特点

建筑产品位置固定、生产流动性、项目单件性、生产一次性、受自然条件影响大等特点,决定了工程项目质量具有以下特点。

(一)影响因素多

影响工程质量的因素是多方面的,如人的因素、机械因素、材料因素、方法因素、环境因素等均直接或间接地影响着工程质量。尤其是水利工程项目主体工程的建设,一般由多家承包单位共同完成,故其质量形式较为复杂,影响因素多。

(二)质量波动大

水利工程建设周期长,在建设过程中易受到系统因素及偶然因素的影响,产品质量易产生波动。

(三)质量变异大

由于影响工程质量的因素较多,任何因素的变异均会引起工程项目的质量变异。

(四)质量具有隐蔽性

水利工程项目实施过程中,工序交接多,中间产品多,隐蔽工程多,取样数量受到各种因素、条件的限制,产生错误判断的概率增大。

(五)终检局限性大

建筑产品位置固定等特点,使质量检验时不能被解体、拆卸,所以在工程项目终检验收时难以发现工程内在的、隐蔽的质量缺陷。此外,质量、进度和投资目标三者之间既对立又统一的关系,使工程质量受到投资、进度的制约。因此,我们应针对工程质量的特点,严格控制质量,并将质量控制贯穿项目建设的全过程。

三、工程项目质量控制的原则

在工程项目建设过程中，对其质量进行控制时应遵循以下几项原则。

（一）质量第一原则

"百年大计，质量第一"，工程建设与国民经济的发展和人民生活的改善息息相关。要确立质量第一的原则，必须弄清并且摆正质量和数量、质量和进度之间的关系。不符合质量要求的工程，数量和进度都将失去意义，也没有任何使用价值，并且数量越多，进度越快，国家和人民遭受的损失也将越大。因此，好中求多、好中求快、好中求省，才是符合质量管理所要求的质量水平。

（二）预防为主原则

对于工程项目的质量，长期以来采取事后检验的方法，认为严格进行检查，就能保证质量，实际上这是远远不够的。应该从消极防守的事后检验变为积极预防的事先管理。因为好的建筑产品是好的设计、好的施工所产生的，不是检查出来的。必须在项目管理的全过程中，事先采取各种措施，排除各种不符合质量要求的因素，以保证建筑产品质量。如果各质量因素预先得到保证，工程项目的质量就有了可靠的前提条件。

（三）为用户服务原则

建设工程项目是为了满足用户的要求，尤其要满足用户对质量的要求。真正好的质量是用户完全满意的质量。进行质量控制，就是要把为用户服务的原则作为工程项目管理的出发点，贯穿到各项工作中去。同时，要在项目内部树立"下一道工序就是用户"的思想。各部门工作人员在自己这一道工序的工作一定要保证质量，凡达不到质量要求不能交给下一道工序，一定要使"下一道工序"这个用户感到满意。

（四）用数据说话原则

质量控制必须建立在有效的数据基础之上，必须依靠能够确切反映客观实际的数字和资料,否则就谈不上科学的管理。一切用数据说话,就需要用数理统计方法,对工程实体或工作对象进行科学的分析和整理,研究工程质量的波动情况,寻求影响工程质量的主次原因,采取改进质量的有效措施,提高工程质量。

在很多情况下,评定工程质量,虽然有一些数据也按规范标准进行检测计量,但是这些数据往往不完整、不系统,没有按数理统计要求积累数据和抽样选点,所以难以汇总分析,有时只能统计加估计,抓不住质量问题,既不能完全表示工程的内在质量状态,也不能有针对性地进行质量教育,提高企业质量意识。所以,必须树立起“用数据说话”的意识,从积累的大量数据中找出质量控制的规律,以保证工程项目的优质建设。

四、工程项目质量控制的任务

工程项目质量控制的任务,就是根据国家现行的有关法规、技术标准和工程合同规定的工程建设各阶段质量目标,实施全过程的监督管理。由于工程建设各阶段的质量目标不同,因此需要分别确定各阶段的质量控制对象和任务。

(一)工程项目决策阶段的质量控制任务

(1)审核可行性研究报告是否符合国民经济发展的长远规划和国家经济建设的方针政策。

(2)审核可行性研究报告是否符合工程项目建议书或业主的要求。

(3)审核可行性研究报告是否具有可靠的基础资料和数据。

(4)审核可行性研究报告是否符合技术经济方面的规范标准和定额等指标。

(5)审核可行性研究报告的内容、深度和计算指标是否达到标准要求。

(二)工程项目设计阶段的质量控制任务

(1)审查设计基础资料的正确性和完整性。

(2)编制设计招标文件,组织设计方案竞赛。

(3)审查设计方案的先进性和合理性,确定最佳设计方案。

(4)督促设计单位完善质量保证体系,建立内部专业交底及专业会签制度。

(5)进行设计质量跟踪检查,控制设计图纸的质量。在初步设计和技术设计阶段,主要检查生产工艺及设备的选型、总平面布置、建筑与设施的布置、采用的设计标准和主要技术参数;在施工图设计阶段,主要检查计算是否有错误,选用的材料和做法是否合理,标注的各部分设计标高和尺寸是否有错误,各专业设计之间是否有矛盾等。

(三)工程项目施工阶段的质量控制任务

施工阶段质量控制是工程项目全过程质量控制的关键环节。根据工程质量形成的时间,施工阶段的质量控制又可分为事前控制、事中控制和事后控制,其中事前控制是重点。

1. 事前控制

(1)审查承包商及分包商的技术资质。

(2)协助承建商完善质量体系,包括完善计量及质量检测技术和手段等,同时对承包商的实验室资质进行考核。

(3)督促承包商完善现场质量管理制度,包括现场会议制度、现场质量检验制度、质量统计报表制度和质量事故报告及处理制度等。

(4)与当地质量监督站联系,争取其配合、支持和帮助。

(5)组织设计交底和图纸会审,对某些工程部位应下达质量要求标准。

(6)审查承包商提交的施工组织设计,保证工程质量具有可靠的技术措施;审核工程中采用的新材料、新结构、新工艺、新技术的技术鉴定书;对工程质量有重大影响的施工机械、设备,应审核其技术性能报告。

(7)对工程所需原材料、构配件的质量进行检查与控制。

(8)对永久性生产设备或装置,应按审批同意的设计图纸组织采购或订货，到场后进行检查验收。

(9)对施工场地进行检查验收。检查施工场地的测量标桩、建筑物的定位放线和高程水准点，重要工程还应复核，落实现场障碍物的拆除、清理等。

(10)把好开工关。对现场各项准备工作检查合格后，方可发开工令；停工的工程，未发复工令不得复工。

2. 事中控制

(1)督促承包商完善工序控制措施。工程质量是在工序中产生的，工序控制对工程质量起着决定性的作用。应把影响工序质量的因素都纳入控制状态中，建立质量管理点，及时检查和审核承包商提交的质量统计分析资料和质量控制图表。[①]

(2)严格工序交接检查，隐蔽作业按有关验收规定经检查验收后，方可进行下一道工序的施工。

(3)重要的工程部位或专业工程（如混凝土工程）要做试验或技术复核。

(4)审查质量事故处理方案，并对处理效果进行检查。

(5)对完成的分部分项工程，按相应的质量评定标准和办法进行检查验收。

(6)审核设计变更和图纸修改。

(7)按合同行使质量监督权和质量否决权。

(8)组织定期或不定期的质量现场会议，及时分析、通报工程质量状况。

3. 事后控制

(1)审核承包商提供的质量检验报告及有关技术性文件。

(2)审核承包商提交的竣工图。

(3)组织联动试车。

---

①王建海，孟延奎，姬广旭. 水利工程施工现场管理与 BIM 应用[M]. 郑州：黄河水利出版社，2022.

(4)按规定的质量评定标准和办法,进行检查验收。

(5)组织项目竣工总验收。

(6)整理有关工程项目质量的技术文件,并编目、建档。

(四)工程项目保修阶段的质量控制任务

(1)审核承包商的工程保修书。

(2)检查、鉴定工程质量状况和工程使用情况。

(3)对出现的质量缺陷,确定责任者。

(4)督促承包商修复缺陷。

(5)在保修期结束后,检查工程保修状况,移交保修资料。

五、工程项目质量影响因素的控制

在工程项目建设的各个阶段,对工程项目质量影响的主要因素就是“人、机、料、法、环”五大方面。为此,应对这五个方面的因素进行严格的控制,以确保工程项目建设的质量。

(一)对“人”的因素的控制

人是工程质量的控制者,也是工程质量的“制造者”。工程质量的好坏与人的因素密不可分。控制人的因素,即调动人的积极性、避免人的失误等,是控制工程质量的关键因素。

1.领导者的素质

领导者是具有决策权力的人,其整体素质是提高工作质量和工程质量的关键。因此,在对承包商进行资质认证和选择时一定要考核领导者的素质。

2.人的理论和技术水平

人的理论水平和技术水平是人的综合素质的表现,它直接影响工程项目质量。尤其是技术复杂、操作难度大、要求精度高、工艺新的工程,其对人员素质要求更高,人员素质低,工程质量就很难保证。

3.人的生理缺陷

根据工程施工的特点和环境，应严格控制人的生理缺陷。例如，有高血压、心脏病的人，不能从事高空作业和水下作业；反应迟钝、应变能力差的人，不能操作快速运行、动作复杂的机械设备等，否则将影响工程质量，引起安全事故。

4.人的心理行为

影响人的心理行为因素很多，人的心理因素如疑虑、畏惧、抑郁等很容易使人产生愤怒、怨恨等情绪，使人的注意力转移，由此引发质量、安全事故。所以，在审核企业的资质水平时，要注意企业职工的凝聚力如何、职工的情绪如何，这也是选择企业的一条标准。

5.人的错误行为

人的错误行为是指人在工作场地或工作中吸烟、打盹、错视、错听、误判断、误动作等，这些都会影响工程质量或造成质量事故。所以，在有危险的工作场所，应禁止吸烟、嬉戏等。

(二)对材料、构配件的质量控制

1.材料质量控制的要点

(1)掌握材料信息，优选供货厂家。应掌握材料信息，优先选有信誉的厂家供货。对于主要材料、构配件，必须经监理工程师论证同意后，才可订货。

(2)合理组织材料供应。应协助承包商合理地组织材料采购、加工、运输、储备。尽量加快材料周转，按质、按量、如期满足工程建设需要。

(3)合理地使用材料，减少材料损失。

(4)加强材料检查验收。用于工程上的主要建筑材料，进场时必须具备正式的出厂合格证和材质化验单；否则，应做补检。工程中所有的各种构配件，必须具有厂家批号和出厂合格证。凡是标志不清或质量有问题的材料，以及对质量保证资料有怀疑或与合同规定不相符的一般材料，应进行一定比例的材料试验，并需要追踪检验。对于进口的材料和设备，以及重要工程或关键施工部位所用材料,应进行全部检验。

(5)重视材料的使用认证,以防错用或使用不当。

2. 材料质量控制的内容

(1)材料质量的标准。

材料质量的标准是用以衡量材料标准的尺度,并作为验收、检验材料质量的依据。其具体的材料标准指标可参见相关材料手册。

(2)材料质量的检验、试验。

材料质量的检验目的是通过一系列的检测手段,将取得的材料数据与材料的质量标准相比较,用以判断材料质量的可靠性。

(3)材料的选择和使用要求。

材料的选择不当和使用不正确,会严重影响工程质量,甚至导致工程质量事故。因此,在施工过程中,必须针对工程项目的特点和环境要求,以及材料的性能、质量标准、适用范围等多方面综合考察,慎重选择和使用材料。

(三)对方法的控制

对方法的控制主要是指对施工方案的控制,也包括对整个工程项目建设期内所采用的技术方案、工艺流程、组织措施、检测手段、施工组织设计等的控制。对于一个工程项目而言,施工方案恰当与否,直接关系到工程项目质量的好坏,关系到工程项目的成败,所以应重视对方法的控制。

(四)对施工机械设备的控制

施工机械设备是工程建设不可缺少的设施,目前,工程建设的施工进度和施工质量都与施工机械关系密切。因此,在施工阶段,必须对施工机械的选型、性能和使用操作等方面进行控制。

1. 机械设备的选型

机械设备的选型应因地制宜,按照技术先进、经济合理、生产适用、性能可靠、使用安全、操作和维修方便等原则来选择施工机械。

2.机械设备的主要性能参数

主要性能参数是选择机械设备的主要依据。为满足施工的需要,在参数选择上可留有余地,但不能选择超出需要很多的机械设备,否则,容易造成经济损失。机械设备的性能参数很多,要综合各参数,确定合适的施工机械设备。在这方面,要结合机械施工方案,择优选择机械设备;要严格把关,对不符合要求和有安全隐患的机械,不准进场。

3.机械设备的使用、操作要求

合理使用机械设备,正确地进行操作,是保证工程项目施工质量的重要环节。应遵循"人机固定"的原则,实行定机、定人、定岗位的制度。操作人员必须认真执行各项规章制度,严格遵守操作规程,防止出现安全质量事故。

(五)对环境因素的控制

影响工程项目质量的环境因素有很多,包括工程技术环境、工程管理环境、劳动环境等。环境因素对工程质量的影响复杂而多变,因此应根据工程特点和具体条件,对影响工程质量的环境因素进行严格控制。

第二节 质量体系建立与运行

一、施工阶段的质量控制

(一)质量控制的依据

施工阶段的质量管理及质量控制的依据大体上可分为两类,即共同性依据和专门技术法规性依据。

共同性依据是指那些适用于工程项目施工阶段与质量控制有关的,具有普遍指导意义和必须遵守的基本文件,主要有工程承包合同文件、设计文件,以及国家和行业现行的有关质量管理方面的法律法规文件。工程承包合同中分别规定了参与施工建设的各方在质量控制方面的权利和义务，并据此对工程质量进行监督和控制。

专门技术法规性依据是指针对不同行业、不同的质量控制对象而制定的技术法规性的文件，主要包括以下内容。

(1)已批准的施工组织设计。它是承包单位进行施工准备和指导现场施工的规划性、指导性文件，详细规定了工程施工的现场布置、人员设备的配置、作业要求、施工工序和工艺、技术保证措施、质量检查方法和技术标准等，是进行质量控制的重要依据。

(2)合同中引用的国家和行业的现行施工操作技术规范、施工工艺规程及验收规范。它是维护正常施工的准则，与工程质量密切相关，必须严格遵守执行。

(3)合同中引用的有关原材料、半成品、配件方面的质量依据。如水泥、钢材、骨料等有关产品技术标准，水泥、骨料、钢材等有关检验、取样、方法的技术标准，有关材料验收、包装、标志的技术标准。

(4)制造厂提供的设备安装说明书和有关技术标准。它是施工安装承包人进行设备安装必须遵循的重要技术文件，也是进行检查和控制质量的依据。

(二)质量控制的方法

施工过程中的质量控制方法主要有旁站检查、测量、试验等。

1.旁站检查

旁站是指有关管理人员对重要工序(质量控制点)的施工所进行的现场监督和检查。旁站也是驻地监理人员的一种主要现场检查形式。根据工程施工难度及复杂性，可采用全过程旁站和部分时间旁站两种方式。对容易产生缺陷的部位，或产生了缺陷难以补救的部位以及隐蔽工程，应加强旁站检查。

旁站检查的内容包括：检查承包人在施工中所用的设备、材料及混合料是否符合已批准的文件要求；检查施工方案、施工工艺是否符合相应的技术规范等。

2.测量

测量是控制建筑物尺寸的重要手段。应对施工放样及高程控制进行核查,不合格者不准开工。对模板工程和已完成工程的几何尺寸、高程、宽度、厚度、坡度等质量指标,按规定要求进行测量验收,不符合规定要求的应进行返工。测量记录,均要事先经工程师审核签字后方可使用。

3.试验

试验是工程师确定各种材料和建筑物内在质量是否合格的重要方法。所有工程使用的材料,都必须事先经过材料试验,质量必须满足产品标准,并经工程师检查批准后,方可使用。材料试验包括水源、粗骨料、沥青、土工织物等各种原材料试验,不同等级混凝土的配合比试验,外购材料及成品质量证明和必要的试验鉴定,仪器设备的校调试验,加工后的成品强度及耐用性检验,工程检查等。没有试验数据的工程不予验收。

(三)工序质量的监控

1.工序质量监控的内容

工序质量控制主要包括对工序活动条件的监控和对工序活动效果的监控。

(1)对工序活动条件的监控

对工序活动条件的监控是指对影响工程生产因素进行的控制。对工序活动条件的控制是工序质量控制的手段。尽管在开工前对生产活动的条件已进行了初步控制,但在工序活动中某些条件还会发生变化,使工程或产品的基本性能达不到检验指标,这正是生产过程质量不稳定的重要原因。因此,只有对工序活动条件进行控制,才能达到对工程或产品的质量性能特性指标的控制。工序活动条件包括的因素较多,要通过分析,分清影响工序质量的主要因素,抓住主要矛盾,逐渐予以调节,以达到质量控制的目的。

(2)对工序活动效果的监控

对工序活动效果的监控主要反映在对工序产品质量性能的特征指标

的控制上。通过对工序活动的产品采取一定的检测手段，根据检验结果分析、判断该工序活动的质量效果，从而实现对工序质量的控制，其步骤为：首先，在开展工序活动前进行控制，主要要求人、材料、机械、方法或工艺、环境能满足要求；采用必要的手段和工具，对抽出的工序子样进行质量检验；应用质量统计分析工具（如直方图、控制图、排列图等）对检验所得的数据进行分析，找出这些质量数据所遵循的规律。其次，根据质量数据分布规律的结果，判断质量是否正常；若出现异常情况，寻找原因，找出影响工序质量的因素，尤其是那些主要因素，采取对策和措施进行调整；再重复前面的步骤，检查调整效果，直到满足要求，这样便可达到控制工序质量的目的。

2. 工序质量监控的实施要点

对工序活动质量进行监控，首先应确定质量控制计划，它是以完善的质量监控体系和质量检查制度为基础的。一方面，工序质量控制计划要明确规定质量监控的工作程序流程和质量检查制度；另一方面，应进行工序分析，在影响工序质量的因素中，找出对工序质量产生影响的重要因素，进行主动的、预防性的重点控制。例如，在振捣混凝土这一工序中，振捣的插点和振捣时间是影响质量的主要因素，为此，应加强现场监督并要求施工单位严格予以控制。①

同时，在整个施工活动中，应进行连续的动态跟踪控制，通过对工序产品的抽样检验，判定其产品质量波动状态。若工序活动处于异常状态，则应查出影响质量的原因，采取措施排除系统性因素的干扰，使工序活动恢复到正常状态，从而保证工序活动及其产品质量。此外，为确保工程质量，应在工序活动过程中设置质量控制点，进行预控。

3. 质量控制点的设置

质量控制点的设置是进行工序质量预防控制的有效措施。质量控制点是指为保证工程质量而必须控制的重点工序、关键部位和薄弱环节。

---

①宋秋英，李永敏，胡玉海. 水文与水利工程规划建设及运行管理研究[M]. 长春：吉林科学技术出版社，2021.

应在施工前,全面、合理地选择质量控制点,并对设置质量控制点的情况及拟采取的控制措施进行审核。必要时,应对质量控制实施过程进行跟踪检查或旁站监督,以确保质量控制点的施工质量。

设置质量控制点的对象主要有以下几个方面。

(1)关键的分项工程。如大体积混凝土工程、土石坝工程的坝体填筑、隧洞开挖工程等。

(2)关键的工程部位。如混凝土面板、堆石坝面板趾板、周边缝的接缝、土基上水闸的地基基础、预制框架结构的梁板节点、关键设备的设备基础等。

(3)薄弱环节。包括经常发生或容易发生质量问题的环节、承包人无法把握的环节、采用新工艺(材料)施工的环节等。

(4)关键工序。如钢筋混凝土工程的混凝土振捣,灌注桩钻孔,隧洞开挖的钻孔布置、方向、深度、用药量和填塞等。

(5)关键工序的关键质量特性。如混凝土的强度、耐久性,土石坝的干容重、黏性土的含水率等。

(6)关键质量特性的关键因素。例如,冬季混凝土强度的关键因素是环境(养护温度);支模的关键因素是支撑方法;泵送混凝土输送质量的关键因素是机械;墙体垂直度的关键因素是人等。

控制点的设置应准确有效,究竟选择哪些作为控制点,需要由专业的、有经验的质量控制人员进行选择。

4.见证点、停止点的概念

在工程项目实施控制中,通常是由承包人在分项工程施工前制订施工计划时就选定设置控制点,并在相应的质量计划中进一步明确哪些是见证点,哪些是停止点。所谓见证点和停止点,是国际上对于重要程度不同及监督控制要求不同的质量控制对象的一种区分方式。见证点监督也称为 W 点监督。凡是被列为见证点的质量控制对象,在规定的控制点施工前,施工单位应提前 24h 通知监理人员在约定的时间内到现场进行见证并实施监督。如监理人员未按约定到场,施工单位有权对该点进行相应的操作和施工。停止点也称为待检查点或H点，它的重要性高于见证点，是针对那些由于施工过程或工序施工质量不易或不能通过其后的检验和试验而充分得到论证的“特殊过程”或“特殊工序”而言的。凡被列入停止点的控制点，必须在该控制点施工前24h通知监理人员到场试验监控。如监理人员未能在约定时间内到达现场，施工单位应停止该控制点的施工，并按合同规定等待监理方，未经认可不能超过该点继续施工。例如水闸闸墩混凝土结构在钢筋架立后，混凝土浇筑之前，可设置停止点。

在施工过程中，应加强旁站和现场巡查的监督检查；严格实施隐蔽式工程工序间交接检查验收、工程施工预检等检查监督；严格执行对成品保护的质量检查。只有这样才能及早发现问题，及时纠正，防患于未然，确保工程质量，避免工程质量事故的发生。

为了对施工期间的各分部分项工程的各工序质量实施严密、细致和有效的监督、控制，应认真地填写跟踪档案，即施工和安装记录。

（四）施工合同条件下的工程质量控制

工程施工是使业主及工程设计意图最终实现并形成工程实体的阶段，也是最终形成工程产品质量和工程项目使用价值的重要阶段。由此可见，施工阶段的质量控制不仅是工程师的核心工作内容，也是工程项目质量控制的重点。

1.质量检查（验）的职责和权力

施工质量检查（验）是建设各方质量控制必不可少的一项工作，它可以起到监督与控制质量、及时纠正错误、避免事故扩大、消除隐患等作用。

（1）承包商质量检查（验）的职责。

保证工程施工质量是承包商的基本义务。承包商应按标准建立和健全所承包工程的质量保障计划，在组织上和制度上落实质量管理工作，以确保工程质量。

根据合同规定和工程师的指示，承包商应对工程使用的材料和工程设备以及工程的所有部位及其施工工艺进行全过程的质量自检，并做质量检查(验)记录,定期向工程师提交工程质量报告。同时,承包商应建立一套全部工程的质量记录和报表,以便工程师复核检验和日后发现质量问题时查找原因。

自检是检验的一种形式,它是由承包商自己来进行的。在合同环境下,承包商的自检包括:班组的“初检”、施工队的“复检”、公司的“终检”。自检的目的不仅在于判断被检验实体的质量特性是否符合合同要求,更为重要的是用于对过程的控制。因此,承包商的自检是质量检查(验)的基础,是控制质量的关键。为此,工程师有权拒绝对那些“三检”资料不完善或无“三检”资料的过程(工序)进行检验。

(2)工程师的质量检查(验)的权力。

工程师在不妨碍承包商正常作业的情况下,可以随时对作业质量进行检查(验)。工程师有权对全部工程的所有部位及其任何一项工艺、材料和工程设备进行检查和检验,并具有质量否决权。

2.材料、工程设备的检查和检验

材料和工程设备的采购分为两种情况:①承包商负责采购材料和工程设备;②业主负责采购工程设备,负责采购材料。对材料和工程设备进行检查和检验时应按照以下要求进行。

(1)材料和工程设备的检验和交货验收。

对承包商采购的材料和工程设备,其产品质量由承包商应对业主负责。材料和工程设备的检验和交货验收由承包商负责实施,并承担所需费用。具体做法为承包商会同工程师进行检验和交货验收,查验材质证明和产品合格证书。此外,承包商还应按合同规定进行材料的抽样检验和工程设备的检验测试,并将检验结果提交给工程师。工程师参加交货验收不能减轻或免除承包商在检验和验收中应负的责任。

对业主采购的工程设备,为了简化验交手续和重复装运,业主应将其采购的工程设备由生产厂家直接移交给承包商。为此,业主和承包商在合同规定的交货地点(如生产厂家、工地或其他合适的地方)共同进行交货验收,由业主正式移交给承包商。在交货验收过程中,对于业主采购的工程设备的检验及测试由承包商负责,业主不必再配备检验及测试用的设备和人员,但承包商必须将其检验结果提交工程师,并由工程师复核签认检验结果。

(2)工程师检查或检验。

工程师和承包商应商定对工程所用的材料和工程设备进行检查和检验的具体时间和地点。通常情况下,工程师应到场参加检查或检验,如果在商定时间内工程师未到场参加检查或检验,且工程师无其他指示(如延期检查或检验),承包商可自行检查或检验,并立即将检查或检验结果提交给工程师。除合同另有规定外,工程师应在事后确认承包商提交的检查或检验结果。

如果承包商未按合同规定检查或检验材料和工程设备,工程师应指示承包商按合同规定补做检查或检验。此时,承包商应无条件地按工程师的指示和合同规定补做检查或检验,并应承担检查或检验所需的费用和可能带来的工期延误责任。

(3)额外检验和重新检验。

①额外检验。在合同履行过程中,如果工程师需要增加合同中未作规定的检查和检验项目,工程师有权指示承包商增加额外检验,承包商应遵照执行,但应由业主承担额外检验的费用和工期延误责任。

②重新检验。在任何情况下,如果工程师对以往的检验结果有疑问,其有权指示承包商再次进行检验,即重新检验,承包商必须执行工程师指示,不得拒绝。"以往检验结果"是指已按合同规定要求得到工程师的同意。如果承包商的检验结果未得到工程师同意,则工程师指示承包商进行的检验不能称为重新检验,应为合同内检测。

重新检验带来的费用增加和工期延误责任的承担视重新检验结果而定。如果重新检验结果证明这些材料、工程设备、工序不符合合同要求,则应由承包商承担重新检验的全部费用和工期延误责任;如果重新检验结果证明这些材料、工程设备、工序符合合同要求,则应由业主承担重新检验的费用和工期延误责任。

当承包商未按合同规定进行检查或检验,并且不执行工程师有关补做检查或检验的指示和重新检验的指示时,工程师为了及时发现可能的质量隐患,减少可能造成的损失,可以指派自己的人员或委托其他人进行检查或检验,以保证质量。此时,无论检查或检验结果如何,工程师因采取上述检查或检验补救措施而造成的工期延误和增加的费用均应由承包商承担。

(4)不合格工程、材料和工程设备的检查或检验。

①禁止使用不合格材料和工程设备。工程使用的一切材料、工程设备均应满足合同规定的等级、质量标准和技术特性。工程师在工程质量的检查或检验中发现承包商使用了不合格材料或工程设备时,可以随时发出指示,要求承包商立即改正,并禁止在工程中继续使用这些不合格的材料和工程设备。

因承包商使用了不合格材料和工程设备而造成的后果应由承包商承担责任,承包商应无条件地按工程师指示进行补救。业主提供的工程设备经验收不合格的应由业主承担相应责任。

②对于不合格工程、材料和工程设备的处理主要分为以下几种情况。

第一,如果工程师的检查或检验结果表明承包商提供的材料或工程设备不符合合同要求,工程师可以拒绝接收,并立即通知承包商。此时,承包商除立即停止使用外,应与工程师共同研究补救措施。如果在使用过程中发现不合格材料,工程师应视具体情况,下达运出现场或降级使用的指示。

第二,如果检查或检验结果表明业主提供的工程设备不符合合同要求,承包商有权拒绝接收,并要求业主予以更换。

第三,如果因承包商使用了不合格材料和工程设备造成了工程损害,工程师可以随时发出指示,要求承包商立即采取措施进行补救,直至彻底清除工程的不合格部位及不合格材料和工程设备。

第四,如果承包商无故拖延或拒绝执行工程师的有关指示,则业主有权委托其他承包商执行该项指示。由此造成的工期延误和增加的费用由承包商承担。

3.隐蔽工程和工程隐蔽部位

隐蔽工程和工程隐蔽部位是指已完成的工作面经覆盖后将无法事后查看的任何工程部位和基础。隐蔽工程和工程隐蔽部位的特殊性及重要性决定了没有工程师的批准,工程的任何部分均不得覆盖或使之无法查看。

对于将被覆盖的部位和基础在进行下一道工序之前,首先由承包商进行自检("三检"),确认符合合同要求后,再通知工程师进行检查,工程师不得无故缺席或拖延,承包商通知时应考虑到工程师有足够的检查时间。工程师应按通知约定的时间到场进行检查,确认质量符合合同规定要求,并在检查记录上签字后,才能允许承包商进入下一道工序进行覆盖。承包商在未取得工程师的检查签证前,不得以任何理由进行覆盖,否则,承包商应承担因补检而增加的费用和工期延误责任。如果工程师未及时到场检查,承包商因等待或延期检查而造成工期延误,则承包商有权要求延长工期和赔偿其停工、窝工等损失。

4.放线

(1)施工控制网。

工程师应在合同规定的期限内向承包商提供测量基准点、基准线和水准点及其书面资料。业主和工程师应对测量点、基准线和水准点的正确性负责。

承包商应在合同规定期限内完成测设自己的施工控制网,并将施工控制网资料报送工程师审批。承包商应对施工控制网的正确性负责。此外,承包商还应负责保管全部测量基准和控制网点。工程完工后,应将施工控制网点完好地移交给业主。

工程师为了满足监理工作的需要,可以使用承包商的施工控制网,无需为此另行支付费用。此时,承包商应及时提供必要的协助,不得以任何理由拒绝。

(2)施工测量。

承包商应负责整个施工过程中的全部施工测量放线工作，包括地形测量、放样测量、断面测量、支付收方测量和验收测量等，并自行配置合格的人员、仪器、设备和其他物品。

承包商在施测前，应将施工测量措施报告报送工程师审批。工程师应按合同规定对承包商的测量数据和放样成果进行检查。工程师认为必要时还可指示承包商在工程师的监督下进行抽样复测，并修正复测中发现的错误。

5.完工和保修

(1)完工验收。

完工验收指承包商基本完成合同中规定的工程项目后移交给业主接收前的交工验收，不是国家或业主对整个项目的验收。基本完成是指不一定要全部完成合同规定的工程项目，有些不影响工程使用的尾工项目，经工程师批准，可待验收后在保修期去完成。

①工程师审核。工程师在接到承包商完工验收申请报告后的28d内进行审核并做出决定，或者提请业主进行工程验收，或者通知承包商在验收前应完成的工作和对申请报告的异议，承包商应在完成工作后或修改报告后重新提交完工验收申请报告。

②完工验收和移交证书。业主在接到工程师提请进行工程验收的通知后，应在收到完工验收申请报告后56d内组织工程验收，并在验收通过后向承包商颁发移交证书。移交证书上应注明由业主、承包商、工程师协商核定的工程实际完工日期。此日期是计算承包商完工工期的依据，也是工程保修期的开始。从颁发移交证书之日起，照管工程的责任交由业主承担，且在此后14d内，业主应将保证金总额的50%退还给承包商。

③分阶段验收和施工期运行。水利工程分阶段验收有两种情况。第一种情况是在全部工程验收前，某些单位工程(如船闸、隧洞等)已完工，经业主同意可先行单独进行验收，通过后颁发单位工程移交证书，由业主

先接管该单位工程。第二种情况是业主根据合同进度计划的安排，需提前使用尚未全部建成的工程，如大坝工程达到某一特定高程可以满足初期发电时，可对该部分工程进行验收，以满足初期发电要求。验收通过应签发临时移交证书。工程未完成的部分仍由承包商继续施工。通过验收的部分工程在施工期运行而使承包商增加的修复缺陷费用，业主应给予适当的补偿。

④业主拖延验收。如果业主在收到承包商完工验收申请报告后，不及时进行验收，或在验收通过后无故不颁发移交证书，则业主应从承包商发出完工验收申请报告 56d 后的次日起承担照管工程的费用。

(2)工程保修。

①保修期又称为缺陷通知期。工程移交前，虽然已通过验收，但是还未经过运行的考验，而且还可能有一些尾工项目和修补缺陷项目未完成，所以必须有一段时间用来检验工程的正常运行，这就是保修期。水利土建工程保修期一般为一年，从移交证书中注明的全部工程完工日期开始算。在全部工程完工验收前，业主已提前验收的单位工程或部分工程若未投入正常运行，其保修期仍按全部工程完工日期起算；若验收后投入正常运行，其保修期应从该单位工程或部分工程移交证书上注明的完工日期起算。

②保修责任。

第一，保修期内，承包商应负责修复完工资料中未完成的缺陷修复清单所列的全部项目。

第二，保修期内如发现新的缺陷和损坏，或原修复的缺陷又遭损坏，承包商应负责修复。至于修复费用由谁承担，需视缺陷和损坏的原因而定。承包商施工中存在隐患或其他承包商原因所造成，应由承包商承担；业主使用不当或业主其他原因所致，则由业主承担。

保修责任终止证书又称为履约证书。在全部工程保修期满，且承包商不遗留任何尾工项目和缺陷修补项目，业主或授权工程师应在 28d 内向承包商颁发保修责任终止证书。

保修责任终止证书的颁发,表明承包商已履行了保修期的义务,工程师对其满意,也表明了承包商已按合同规定完成了全部工程的施工任务,业主接受了整个工程项目。但此时合同双方的财务账目尚未结清,可能有些争议还未解决,故并不意味合同已履行结束。

(3)清理现场与撤离。

圆满完成清场工作是承包商文明施工的一个重要标志。一般而言,在工程移交证书颁发前,承包商应按合同规定的工作内容对工地进行彻底清理,以便业主使用已完成的工程。经业主同意后也可留下部分清场工作在保修期满前完成。

承包商应按下列工作内容对工地进行彻底清理,并经工程师检验合格。

①工程范围内残留的垃圾已全部焚毁、掩埋或清除出场。

②临时工程已按合同规定拆除,场地已按合同要求清理和平整。

③承包商设备和剩余的建筑材料已按计划撤离工地,废弃的施工设备和材料也已清除。

④施工区内的永久道路和永久建筑物周围的排水沟道均已按合同图纸要求和工程师指示进行疏通和修整。

⑤主体工程建筑物附近及其上、下游河道中的施工堆积场,已按工程师的指示予以清理。

此外,在全部工程的移交证书颁发后 42d 内,除了经工程师同意,由于保修期工作需要留下部分承包商人员、施工设备和临时工程外,承包商的队伍应撤离工地,并做好环境恢复工作。

二、全面质量管理

全面质量管理是企业管理的中心环节,它和企业的经营目标是一致的。

(一)全面质量管理的基本概念

全面质量管理是以组织全员参与为基础的质量管理模式,它代表了质量管理的最新阶段。全面质量管理是为了能够在最经济的水平上,并考虑到充分满足用户的要求的条件下进行市场研究、设计、生产和服务,把企业内各部门研制质量、维持质量和提高质量的活动构成一体的有效体系。

(二)全面质量管理的基本要求

1.全过程的管理

任何一个工程(和产品)的质量,都有一个产生、形成和实现的过程;整个过程是由多个相互联系、相互影响的环节所组成的,每一环节都或重或轻地影响着最终的质量状况。因此,要做好工程质量管理,必须把形成质量的全过程和有关因素控制起来,构建一个综合的管理体系,做到以防为主,防检结合,重在提高。

2.全员的质量管理

工程(产品)的质量是企业各方面、各部门、各环节工作质量的反映。每一个环节、每一个人的工作质量都会不同程度地影响着工程(产品)最终质量。工程质量人人有责,只有人人都关心工程的质量,做好本职工作,才能生产出好质量的工程。

3.全企业的质量管理

全企业的质量管理一方面要求企业各管理层次都要有明确的质量管理内容,各层次的侧重点要突出,每个部门应有自己的质量计划、质量目标和对策,层层控制;另一方面就是要把分散在各部门的质量职能发挥出来。如水利工程中的“三检制”,就充分反映这一观点。

4.多方法的管理

影响工程质量的因素越来越复杂,既有物质的因素,又有人为的因素;既有技术因素,又有管理因素;既有企业内部因素,又有企业外部因素。要做好工程质量，就必须把这些影响因素控制起来，分析它们对工程质量的不同影响，再灵活运用各种现代化管理方法来解决工程质量问题。

（三）全面质量管理的基本指导思想

1. 质量第一，以质量求生存

任何产品都必须达到所要求的质量水平，否则就没有或未实现其使用价值，从而给消费者、给社会带来损失。从这个意义上讲，质量必须是第一位的。贯彻“质量第一”就要求企业全员，尤其是领导层，要有强烈的质量意识；要求企业在确定质量目标时，首先应根据用户或市场的需求，科学地确定质量目标，并安排人力、物力、财力予以保证。当质量与数量、社会效益与企业效益、长远利益与眼前利益发生矛盾时，应把质量、社会效益和长远利益放在首位。

“质量第一”并非“质量至上”。质量不能脱离当前的市场水准，也不能不计成本一味地讲求质量。应该重视质量成本的分析，把质量与成本加以统一，确定最适合的质量水平。

2. 用户至上

用户至上就是要树立以用户为中心，为用户服务的思想。要使产品质量和服务质量尽可能地满足用户的要求。产品质量的好坏应以用户的最终满意程度为标准。这里，所谓的用户是广义的，一方面，指产品出厂后的直接用户；另一方面，在企业内部，如下道工序是上道工序的用户。每道工序的质量不仅影响下道工序质量，也会影响工程进度和费用，如混凝土工程，模板工程的质量直接影响混凝土浇筑这一道关键工序的质量。

3. 质量是设计、制造出来的，而不是检验出来的

在生产过程中，检验是重要的，它可以起到把关产品质量的作用，同时还可以将检验信息反馈到有关部门。但影响产品质量的真正原因并不在于检验，而主要在于设计和制造。设计质量是先天性的，产品在设计的时候就已经决定了质量的等级和水平；而制造只是实现设计质量，是符合性质的。二者不可偏废，都应重视。

4. 突出人的积极因素

从某种意义上讲，在质量管理活动过程中，人的因素是最积极、最重要的因素。与质量检验阶段和统计质量控制阶段相比较，全面质量管理阶段格外强调调动人的积极因素的重要性。这是因为现代化生产多为大规模系统，环节众多，联系密切复杂，远非单纯靠质量检验或统计方法就能奏效的。必须调动人的积极因素，增强质量意识，发挥人的主观能动性，以确保产品和服务的质量。要增强质量意识，调动人的积极因素，一靠教育，二靠规范。不仅要通过教育培训和考核，同时还要依靠有关质量的立法以及必要的行政手段等各种激励及处罚措施。

（四）全面质量管理的工作原则

1. 预防原则

在企业的质量管理工作中，要认真贯彻预防为主的原则，凡事要防患于未然。在产品制造阶段应该采用科学方法对生产过程进行控制；在产品的检验阶段，要及时反馈质量信息并认真处理。

2. 经济原则

全面质量管理强调质量，但质量保证的水平或预防不合格产品的深度都是没有止境的，必须考虑经济性，建立合理的经济界限，这就是所谓的经济原则。因此，在产品设计制定质量标准时，在生产过程进行质量控制时，在选择质量检验方式为抽样检验或全数检验时等场合，都必须考虑其经济效益。

3. 协作原则

协作是大生产的必然要求。生产和管理分工越细，就越要求协作。一个具体单位的质量问题往往涉及许多部门，无良好的协作是很难解决的。因此，强调协作是全面质量管理的一条重要原则，这也反映了系统观点全局观点的要求。

（五）全面质量管理的运转方式

质量保证体系运转方式是按照计划（Plan）、执行（Do）、检查

(Check)、处理(Act)的管理循环进行的。PDCA循环是质量体系活动所应遵循的科学工作程序,周而复始,内外嵌套,循环不已,以求质量不断提高。它包括四个阶段和八个工作步骤。

1. 四个阶段

(1)计划阶段。

按使用者要求,根据具体生产技术条件,找出生产中存在的问题及其原因,拟订生产对策和措施计划。

(2)执行阶段。

按预定对策和生产措施计划,组织实施。

(3)检查阶段。

对生产成品进行必要的检查和测试,即把执行的工作结果与预定目标对比,检查执行过程中出现的情况和问题。

(4)处理阶段。

把经过检查发现的各种问题及用户意见进行处理。凡符合计划要求的予以肯定,成文标准化。对不符合设计要求和不能解决的问题,转入下一循环以进一步研究解决。

2. 八个步骤

(1)分析现状,找出问题,不能凭印象和表面进行判断。结论要用数据表示。

(2)分析各种影响因素,把可能因素一一加以分析。

(3)找出主要影响因素,要努力找出主要因素进行解剖,才能改进工作,提高产品质量。

(4)研究对策,针对主要因素制订计划,拟订措施。

(5)执行措施。

(6)检查工作成果,对执行情况进行检查,找出经验教训。

(7)巩固措施,制定标准,把成熟的措施订成标准(规程、细则)形成制度。

(8)遗留问题转入下一个循环。

(1)~(4)为P阶段的工作内容,(5)为D阶段的工作内容,(6)为C

阶段的工作内容,(7)和(8)为A阶段的工作内容。

3. PDCA循环的特点

(1)四个阶段缺一不可,先后次序不能颠倒。

(2)PDCA循环在企业内部各级都有,整个企业是一个大循环,企业各部门又有自己的循环。大循环是小循环的依据,小循环又是大循环的具体和逐级贯彻落实的体现。

(3)PDCA循环不是在原地转动,而是在转动中前进。每转一个循环都有新的目标和内容。因而就意味前进了一步,从原有水平上升到了新的水平,每经过一次循环,也就解决了一批问题,质量水平就有新的提高。

(4)A阶段是一个循环的关键,这一阶段(处理阶段)的目的在于总结经验,巩固成果,纠正错误,以利于下一个管理循环。为此必须把成功和经验纳入标准,定为规程,使之标准化、制度化,以便在下一个循环中遵照执行,使质量水平逐步提高。

必须指出,质量的好坏既反映了人们质量意识的强弱,也反映了人们对提高产品质量意义的认识水平。有了较强的质量意识,还应使全体人员对全面质量管理的基本思想和方法有所了解。这就需要开展全面质量管理,加强质量教育的培训工作,贯彻执行质量责任制并形成制度。只有持之以恒,才能使工程施工质量水平不断提高。

第三节　工程质量统计与分析

一、质量数据

利用质量数据和统计分析方法进行项目质量控制,是控制工程质量的重要手段。质量数据是用以描述工程质量特征性能的数据,它是进行质量控制的基础,没有质量数据,就不可能有科学的现代化质量控制。

(一)质量数据的类型

质量数据按其自身特征,可分为计量值数据和计数值数据;按其收集目的,可分为控制性数据和验收性数据。

1.计量值数据

计量值数据是可以连续取值的连续型数据。如长度、质量、面积、标高等,一般都可以用量测工具或仪器等进行量测,一般都带有小数。

2.计数值数据

计数值数据是不连续的离散型数据。如不合格产品数、不合格的构件数等,这些反映质量状况的数据是不能用量测器具来度量的,采用计数的办法,只能出现0、1、2等非负数的整数。

3.控制性数据

控制性数据一般是以工序为研究对象,是为分析、预测施工过程是否处于稳定状态而定期随机进行抽样检验获得的质量数据。[①]

4.验收性数据

验收性数据是以工程的最终实体内容为研究对象,通过采用随机抽样检验的方式来分析、判断其质量是否达到技术标准或用户的要求而获取的质量数据。

(二)质量数据的波动及其原因

在工程施工过程中常可看到在相同的设备、原材料、工艺及操作人员条件下,质量数据具有波动性,生产的同一种产品的质量不尽相同。其影响因素有偶然性因素和系统性因素两大类。偶然性因素引起的质量数据波动属于正常波动,是无法或难以控制的因素,其所造成的质量数据的波动量不大,没有倾向性,作用是随机的。工程质量只受到偶然因素影响时,生产才处于稳定状态。系统因素造成的质量数据波动属于异常波动。系统因素是可控制、易消除的因素,这类因素不经常发生,但具有明显的倾向性,对工程质量的影响较大。

质量控制的目的就是找出异常波动的原因,即系统性因素是什么,并

①崔永,于峰,张韶辉.水利水电工程建设施工安全生产管理研究[M].长春:吉林科学技术出版社,2022.

加以排除，使质量只受随机性因素的影响。

（三）质量数据的收集

收集质量数据的要求是随机抽样，即整批数据中每一个数据被抽到的机会均等。常用的方法有随机法、系统抽样法、二次抽样法和分层抽样法。

（四）样本数据特征

为了进行统计分析和运用特征数据对质量进行控制，经常要使用许多统计特征数据。统计特征数据主要有均值、中位数、极差、标准偏差、变异系数等。其中，均值、中位数表示数据集中的位置；极差、标准偏差、变异系数表示数据的波动情况，即分散程度。

二、质量控制的统计方法

通过对质量数据的收集、整理和统计分析，找出质量的变化规律和存在的质量问题，提出进一步的改进措施，这种运用数学工具进行质量控制的方法是所有质量管理的人员所必须掌握的，它可以使质量控制工作定量化和规范化。下面介绍几种常用的质量控制方法。

（一）直方图法

1. 直方图的用途

直方图又称频率分布直方图，它将产品质量频率的分布状态用直方图形来表示。人们根据直方图形的分布形状和与公差界限的距离来观察、探索质量分布规律，分析和判断整个生产过程是否正常。

利用直方图可以制定质量标准，确定公差范围，可以判明质量分布情况是否符合标准的要求。

2. 直方图的分布

直方图有以下几种分布形式。

（1）正常对称型。说明生产过程正常，质量稳定。

(2)锯齿型。原因一般是分组不当或组距确定不当。

(3)孤岛型。原因一般是材质发生变化或他人临时替班。

(4)绝壁型。一般是剔除下限以下的数据造成的。

(5)双峰型。把两种不同的设备或工艺的数据混在一起造成的。

(6)平峰型。生产过程中有缓慢变化的因素起主导作用。

3. 注意事项

(1)直方图属于静态的,不能反映质量的动态变化。

(2)画直方图时,数据不能太少,一般应大于50个数据,否则画出的直方图难以正确反映总体的分布状态。

(3)直方图出现异常时,应注意将收集的数据分层,然后画直方图。

(4)直方图呈正态分布时,可求平均值和标准差。

(二)排列图法

排列图法又称巴雷特法、主次排列图法,是分析影响质量主要问题的有效方法。它将众多因素进行排列,使主要因素一目了然。例如,排列图法是由一个横坐标、两个纵坐标、几个长方形和一条曲线组成的,其左侧的纵坐标是频数或件数,右侧的纵坐标是累计频率,横轴则是项目或因素,按项目频数大小顺序在横轴上自左向右画长方形,其高度为频数,再根据右侧的纵坐标,画出累计频率曲线,该曲线就是巴雷特曲线。

(三)因果分析图法

因果分析图也叫鱼刺图、树枝图,是一种逐步深入研究和讨论质量问题的图示方法。在工程建设过程中,任何一种质量问题,一般都是由或大或小的多种原因造成的,把这些原因按照大小顺序分别用主干、大枝、中枝、小枝来表示,就能一目了然地观察出质量问题的成因,并以此为依据,制定相应对策。

(四)管理图法

管理图也称控制图,是反映生产过程随时间变化而变化的质量动态,即反映生产过程中各个阶段质量波动状态的图形。管理图通过设置上下控制界限，将产品质量特性控制在正常波动范围内，一旦有异常反应，通过管理图就可以发现，并及时处理。

（五）相关图法

产品质量与影响质量的因素之间，常有一定的相互关系，这种关系被称为相关关系，可利用直角坐标系进行表达。相关图的形式有正相关、负相关、非线性相关和无相关。

第四节　工程质量事故的处理

工程建设项目不同于一般的工业生产活动，其项目实施具有一次性的特点，生产组织具有特有的流动性、综合性，劳动呈现密集性，协作关系复杂，且受环境影响较大。这些因素均导致建筑工程质量事故具有复杂性、严重性、可变性及多发性的特点，使得事故很难完全避免。因此，必须强化组织措施、经济措施和管理措施，严防事故发生。对于已经发生的事故应调查清楚，按有关规定进行处理。

一、工程事故的分类

水利工程在建设中或完工后，由于设计、施工、监理、材料、设备、工程管理和咨询等方面原因，导致工程质量不符合规程、规范和合同要求的质量标准，进而影响到工程的使用寿命或正常运行，一般需作补救措施或返工处理的，统称为工程质量事故。日常所说的事故大多指施工质量事故。

在水利工程中，按对工程的耐久性和正常使用的影响程度，检查和处理质量事故对工期影响时间的长短以及直接经济损失的大小，将质量事故分为一般质量事故、较大质量事故、重大质量事故和特大质量事故。

一般质量事故是指对工程造成一定经济损失，经处理后不影响正常使用，且不影响工程使用寿命的事故。小于一般质量事故的统称为质量缺陷。

较大质量事故是指对工程造成较大经济损失或延误较短工期,经处理后不影响正常使用,但对工程使用寿命有较大影响的事故。

重大质量事故是指对工程造成重大经济损失或延误较长工期,经处理后不影响正常使用,但对工程使用寿命有较大影响的事故。

特大质量事故是指对工程造成特大经济损失或长时间延误工期,经处理后仍对工程正常使用和使用寿命有较大影响的事故。

一般质量事故的直接经济损失在20万～100万元,事故处理的工期在一个月内,且不影响工程的正常使用与寿命。一般建筑工程对事故的分类略有不同,主要表现在经济损失大小的规定上。

二、工程事故的处理方法

(一)事故发生的原因

工程质量事故发生的原因很多,最主要的还是人、机械、材料、工艺和环境几方面。一般可分为直接原因和间接原因两类。

直接原因主要指人的行为不规范和材料、机械不符合规定状态。如设计人员不按规范进行设计、监理人员不按规范进行监理,施工人员违反规程操作等,都属于人的行为不规范;而水泥、钢材等某些指标不合格,则属于材料不符合规定状态。

间接原因是指质量事故发生地的环境条件,如施工管理混乱,质量检查监督失职,质量保证体系不健全等。间接原因往往导致直接原因的发生。

事故原因也可从工程建设的参建各方来追查,业主、监理、设计、施工和材料、机械、设备供应商的某些行为或各种方法也会造成质量事故。[①]

①陈忠,董国明,朱晓啸.水利水电施工建设与项目管理[M].长春:吉林科学技术出版社,2022.

（二）事故处理的目的

工程质量事故分析与处理的目的主要是：正确分析事故原因，防止事故恶化；创造正常的施工条件；排除隐患，预防事故发生；总结经验教训，区分事故责任；采取有效的处理措施，尽量减少经济损失，保证工程质量。

（三）事故处理的原则

质量事故发生后，应坚持"三不放过"的原则，即事故原因不查清不放过，事故主要责任人和职工未受到教育不放过，补救措施不落实不放过。

发生质量事故，应立即向有关部门（业主、监理单位、设计单位和质量监督机构等）汇报，并提交事故报告。

质量事故所造成的损失费用，应坚持事故责任是谁由谁承担的原则。如责任在施工承包商，则事故分析与处理的一切费用由承包商自己负责；事故责任不在承包商，则承包商可依据合同向业主提出索赔；若事故责任在设计或监理单位，应按照有关合同条款给予相关单位必要的经济处罚。事故若构成犯罪，应移交司法机关处理。

（四）事故处理的程序和方法

1.事故处理的程序

（1）下达工程施工暂停令。

（2）组织调查事故。

（3）事故原因分析。

（4）事故处理与检查验收。

（5）下达复工令。

2.事故处理的方法

（1）修补。这种方法适用于通过修补可以不影响工程外观和正常使用的质量事故，此类事故是施工中多发的。

（2）返工。这类事故严重违反规范或标准，影响工程使用和安全，且无法修补，必须返工。

有些工程质量问题，虽然严重超过了规程、规范的要求，已具有质量事故的性质，可针对工程的具体情况，通过分析论证，不做专门处理，但要记录在案。如混凝土蜂窝、麻面等缺陷，可通过涂抹、打磨等方式处理；因欠挖或模板问题致使结构断面被削弱，经设计复核验算，仍能满足承载要求的，也可不作处理，但必须记录在案，并出具设计和监理单位的鉴定意见。

第四章 水利工程安全管理

第一节 水利工程安全管理概述

一、安全管理概念

安全生产是指生产过程处于避免人身伤害、设备损坏及其他不可接受的损害风险(危险)的状态。不可接受的损害风险(危险)是指:超出了法律法规和规章的要求,超出了方针、目标和企业规定的其他要求,超出了人们普遍接受的要求。

(一)建筑工程安全生产管理的特点

1.安全生产管理涉及面广、涉及单位多

由于建筑工程规模大,生产工艺复杂、工序多,在建造过程中流动作业多,高处作业多,作业位置多变,遇到不确定因素多,所以安全管理工作涉及范围大,控制面广。安全管理不仅是施工单位的责任,也是建设单位、勘察设计单位、监理单位的责任和义务。

2.安全生产管理的动态性

(1)由于建筑工程项目的单件性会使每项工程所处的条件不同,因此面临的危险因素和防范也会有所改变。

(2)工程项目的分散性。施工人员在施工过程中,分散于施工现场的各个部位。当他们面对各种具体的生产问题时,一般都依靠自己的经验和知识进行判断并做出决定,从而增加了施工过程中由不安全行为而导致事故的风险。

3. 安全生产管理的交叉性

建筑工程项目是开放系统，受自然环境和社会环境影响很大，安全生产管理需要将工程系统、环境系统及社会系统相结合。

4. 安全生产管理的严谨性

安全状态具有触发性，因此安全管理措施必须严谨，一旦失控，就会造成损失和伤害。

（二）建筑工程安全生产管理的方针

“安全第一”是建筑工程安全生产管理的方针和目标，“预防为主”是实现安全第一最重要的手段。

（三）建筑工程安全生产管理的原则

1. “管生产必须管安全”的原则

一切从事生产、经营的单位和管理部门都必须管安全，要全面开展安全工作。

2. “安全具有否决权”的原则

安全管理工作是衡量企业经营管理工作好坏的一项基本内容，在对企业进行各项指标考核时，必须先考虑安全指标的完成情况。安全生产指标具有一票否决的作用。

3. 职业安全卫生“三同时”的原则

“三同时”指建筑工程项目的劳动安全卫生设施必须符合国家规范规定的标准，必须与主体工程同时设计、同时施工、同时投入生产和使用。

（四）建筑工程安全生产管理有关法律法规与标准、规范

1. 法治是强化安全管理的重要内容

法律是上层建筑的组成部分，为其赖以建立的经济基础服务。

2. 事故处理“四不放过”的原则

（1）事故原因分析不清不放过。

（2）事故责任者和群众没有受到教育不放过。

(3)没有采取防范措施不放过。

(4)事故责任者没有受到处理不放过。

(五)安全生产管理体制

当前我国的安全生产管理体制是企业负责、行业管理、国家监察和群众监督、劳动者遵章守法。

(六)安全生产责任制度

安全生产责任制度是建筑生产中最基本的安全管理制度,是所有安全规章制度的核心。安全生产责任制度是指将各种不同的安全责任落实到具体安全管理的人员和具体岗位人员身上的一种制度。这一制度是安全第一、预防为主的具体体现,是建筑安全生产的基本制度。

(七)安全生产目标管理

安全生产目标管理是根据建筑施工企业的总体规划要求,制定出在一定时期内安全生产方面所要达到的预期目标并组织实现此目标。其基本内容是:确定目标、目标分解、执行目标、检查总结。

(八)施工组织设计

施工组织设计是组织建设工程施工的纲领性文件,是指导施工准备和组织施工的全面性的技术、经济文件,是指导现场施工的规范性文件。

(九)安全技术措施

安全技术措施是指为防止工伤事故和职业病的危害,从技术上采取的措施。在工程施工中,是指针对工程特点、环境条件、劳动组织、作业方法、施工机械、供电设施等制定的确保安全施工的措施。

安全技术措施也是建设工程项目管理实施规划或施工组织设计的重要组成部分。

(十)安全技术交底

安全技术交底是落实安全技术措施及安全管理事项的重要手段之

一。重大安全技术措施及重要部位安全技术由公司负责人向项目经理部技术负责人进行书面的安全技术交底；一般安全技术措施及施工现场应注意的安全事项由项目经理部技术负责人向施工作业班组、作业人员做出详细说明，并经双方签字认可。

（十一）安全教育

安全教育是实现安全生产的一项重要基础工作，它可以提高职工安全生产的自觉性、积极性和创造性，增强安全意识，掌握安全知识，提高职工的自我防护能力，使安全规章制度得到贯彻执行。安全教育培训的主要内容有安全生产思想、安全知识、安全技能、安全操作规程标准、安全法规、劳动保护和典型事例。

（十二）班组安全活动

班组安全活动是指在上班前由班组长组织并主持，根据本班目前工作内容，重点介绍安全注意事项、安全操作要点，以达到组员在班前掌握安全操作要领，增强安全防范意识，减少事故发生的活动。

（十三）特种作业

特种作业是指在劳动过程中容易发生伤亡事故，对操作者本人，尤其对他人和周围设施的安全有重大危害因素的作业。直接从事特种作业者称特种作业人员。

（十四）安全检查

安全检查是指建设行政主管部门、施工企业安全生产管理部门或项目经理，对施工企业和工程项目经理部贯彻国家安全生产法律法规的情况、安全生产情况、劳动条件、事故隐患等进行的检查。

（十五）安全事故

安全事故是指人们在进行有目的的活动中，发生了违背意愿的不幸事件，使其有目的的行动暂时或永久地停止。重大安全事故是指在施工过程中由于责任过失造成工程倒塌或废弃、机械设备破坏和安全设施失当造成人身伤亡或重大经济损失的事故。

（十六）安全评价

安全评价是指采用系统科学方法，辨别和分析系统存在的危险性并根据其形成事故的风险大小，采取相应的安全措施，以达到系统安全的过程。安全评价的基本内容有：识别危险源、评价风险、采取措施，直到达到安全指标。

（十七）安全标志

安全标志由安全色、几何图形符号构成，以此表达特定的安全信息。其目的是引起人们对不安全因素的注意，预防事故的发生。安全标志分为禁止标志、警告标志、指令标志、提示性标志四类。

二、工程施工特点

建筑业的生产活动危险性大，不安全因素多，是事故多发行业。[①] 建筑施工主要有以下特点。

（1）工程建设最大的特点是产品固定，这是它不同于其他行业的根本点，建筑产品是固定的，体积大，生产周期长。建筑物一旦施工完成就固定了，生产活动都是围绕着建筑物、构筑物来进行的，有限的场地上集中了大量的人员、建筑材料、设备零部件和施工机具等，这样的情况可以持续几个月或一年，有的工程甚至需要好几年才能完成。

（2）高处作业多，工人常年在室外操作。一栋建筑物从基础、主体结构到屋面工程、室外装修等，露天作业约占整个工程的70%。一般建筑物都在七层以上，绝大部分工人都在十几米或几十米的高处从事露天作业。工作条件差，且受气候条件多变的影响。

---

①崔德芹，彭军志，殷飞．建筑工程质量与安全管理[M]．长春：吉林大学出版社，2015．

(3)手工操作多,繁重的劳动消耗大量体力。建筑业是劳动密集型的传统行业之一,大多数工种需要手工操作。

(4)现场变化大。每栋建筑物从基础、主体到装修,每道工序都不同,不安全因素也就不同,同一工序由于施工工艺和施工方法不同,生产过程也不同。随着工程进度的推进,施工现场的施工状况和不安全因素也随之变化。为了完成施工任务,要采取很多临时性措施。

(5)近年来,建筑任务已由以工业为主向以民用建筑为主转变,建筑物由低层向高层发展,施工现场由较为宽阔的场地向狭窄的场地变化。施工现场的吊装工作量增多,垂直运输的办法也多了,多采用龙门架(或井字架)、高大旋转式起重机等。随着流水施工技术和网络施工技术的运用,交叉作业也随之增加,木工机械如电平刨、电锯普遍使用。因施工条件变化,伤亡类别增多。

建筑施工复杂,加上人员流动分散、工期不固定,比较容易形成临时观念,如不采取可靠的安全防护措施,极易发生伤亡事故。

第二节 施工安全因素与安全管理体系

一、施工安全因素

(一)安全因素特点

安全是在人类生产过程中,将系统的运行状态对人类的生命、财产、环境可能产生的损害控制在人类能接受水平以下的状态。安全因素就是在某一指定范围内与安全有关的因素。水利工程施工的安全因素有以下特点。

(1)安全因素的确定取决于所选的分析范围,分析范围可以指整个工程,也可以指具体工程的某一施工过程或者某一部分的施工。

(2)安全因素的辨识依赖于对施工内容的了解,对工程危险源的分析以及运作安全风险评价人员的安全工作经验。

(3)安全因素具有针对性,并不是对于整个系统事无巨细地考虑,安全因素的选取具有一定的代表性和概括性。

(4)安全因素具有灵活性,只要能对所分析的内容具有一定概括性,能达到系统分析的效果的,都可称为安全因素。

(5)安全因素是进行安全风险评价的关键点,是构成评价系统框架的节点。

(二)安全因素辨识过程

安全因素是进行风险评价的基础,人们在辨识出的安全因素的基础上,进行风险评价框架的构建。在进行水利工程施工安全因素的辨识,首先对工程施工内容和施工危险源进行分析和了解,在危险源的认知基础上,以整个工程为分析范围,从管理、施工人员、材料、危险控制等各个方面结合以往的安全分析危险,进行安全因素的辨识。宏观安全因素辨识工作需要收集以下资料。

1.工程所在区域状况

(1)本地区有无地震、洪水、浓雾、暴雨、雪害、龙卷风及特殊低温等自然灾害。

(2)工程施工期间,如发生火药爆炸、油库火灾爆炸等对邻近地区有何影响。

(3)工程施工过程中,如发生大范围滑坡、塌方及其他意外情况等对行船、导流、行车等有无影响。

(4)附近有无易燃、易爆、毒物泄漏的危险源,对本区域的影响如何。是否存在其他类型的危险源。

(5)工程过程中排土、排碴是否会形成公害或对本工程及友邻工程产生不良影响。

(6)公用设施如供水、供电等是否充足。重要设施有无备用电源。

(7)本地区消防设备和人员是否充足。

(8)本地区医院、救护车及救护人员等配置是否适当,有无现场紧急抢救措施。

2.安全管理情况

(1)安全机构、安全人员设置是否满足安全生产要求。

(2)如何进行安全管理的计划、组织协调、检查、控制工作。

(3)对施工队伍中各类用工人员是否实行了安全一体化管理。

(4)有无安全考评及奖罚方面的措施。

(5)如何进行事故处理,统计分析同类事故发生情况。

(6)隐患整改是否到位。

(7)是否制订切实有效且操作性强的防灾计划。领导是否重视。关键性设备、设施是否定期进行试验、维护。

(8)整个施工过程是否制定了完善的操作规程和岗位责任制,实施状况如何。

(9)程序性强的作业(如起吊作业)及关键性作业(如停送电、放炮)是否实行标准化作业。

(10)是否进行在线安全训练,职工是否掌握必备的安全抢救常识和紧急避险、互救知识。

3.施工措施安全情况

(1)是否设置了明显的工程界限标识。

(2)存在塌陷、滑坡、爆破飞石、吊物坠落等安全隐患的场所是否标定合适的安全范围并设有警示标志或信号。

(3)如何解决与友邻工程施工中在安全上存在的相互影响的问题。

(4)特殊危险作业是否规定了严格的安全措施,能否强制实施。

(5)可能发生车辆伤害的路段是否设有合适的安全标志。

(6)作业场所的通道是否良好,是否有滑倒、摔伤的危险。

(7)所有用电设施是否按要求接地、接零。人员可能触及的带电部位是否采取有效保护措施。

(8)可能遭受雷击的场所是否采取了必要的防雷措施。

(9)作业场所的照明、噪声、有毒有害气体浓度是否符合安全要求。

(10)所使用的设备、设施、工具、附件、材料是否具有危险性。是否定期进行检查确认,有无检查记录。

(11)作业场所是否存在冒顶片帮或坠井、掩埋的危险性,采取了何等措施。

(12)登高作业是否采取了必要的安全措施(可靠的跳板、护栏、安全带等)。

(13)防、排水设施是否符合安全要求。

(14)劳动防护用品适应作业要求的情况,发放数量、质量、更换周期是否满足要求。

4.油库、炸药库等易燃、易爆危险品

(1)危险品的名称、数量、设计量及存放量。

(2)危险品的化学性质(如燃点、爆炸极限、毒性、腐蚀性等)和物理性质(如闪点、熔点、沸点等)。

(3)危险品存放方式(是否根据其用途及特性分开存放)。

(4)危险品与其他设备、设施等之间的距离,爆破器材分放点之间是否有殉爆的可能性。

(5)存放场所的照明及电气设施的防爆、防雷、防静电情况。

(6)存放场所的防火设施是否配置消防通道。有无烟、火自动检测报警装置。

(7)存放危险品的场所是否有专人24小时值班,有无具体岗位责任制和危险品管理制度。

(8)危险品的运输、装卸、领用、加工、检验、销毁是否严格按照规定进行。

(9)危险品运输、管理人员是否掌握火灾、爆炸等危险状况下的避险、自救、互救的知识。是否定期开展安全训练。

5.起重运输大型作业机械情况

(1)运输线路里程、路面结构、平交路口、防滑措施等情况如何。

(2)指挥、信号系统情况如何,信息通道是否存在干扰。

(3)人—机系统匹配是否存在问题。

(4)设备检查、维护制度和执行情况如何。是否实行各层次的检查,周期多长。是否实行定期计划维修,周期多长。

(5)司机是否经过作业适应性检查。

(6)过去事故情况如何。

以上这些因素均是进行施工安全风险因素识别时需要考虑的主要因素。

(三)施工过程行为因素

采用 HFACS 框架对导致工程施工事故发生的行为因素进行分析。对标准的 HFACS 框架进行修订,以适应水利工程施工实际的安全管理、施工作业技术措施、人员素质等状况。框架的修改遵循四个原则。

第一,删除在事故案例分析中出现频率极少的因素,包括对工程施工影响较小和难以在事故案例中找到的潜在因素。

第二,对相似的因素进行合并,避免重复统计,从而无形之中提高类似因素在整个工程施工当中的重要性。

第三,针对水利工程施工的特点,对因素的定义、因素的解释和其涵盖的具体内容进行适当的调整。

第四,HFACS 框架将部分因素的名称加以修改,以更贴切我国工程施工安全管理业务的习惯用语。

对标准 HFACS 框架修改如下。

1. 企业组织影响

企业(包括水利开发企业、施工承包单位、监理单位)组织层的差错属于最高级别的差错,它的影响通常是间接的、隐性的,因而常会被安全管理人员所忽视。在进行事故分析时,很难挖掘企业组织层的缺陷,缺陷一经发现,其改正的代价也很高,但是却更能加强系统的安全。一般而言,组织影响包括三个方面。

(1)资源管理问题。

资源管理问题主要指组织资源分配及维护决策存在的问题,如安全组织体系不完善、安全管理人员配备不足、资金设施等管理不当、过度削减与安全相关的经费(安全投入不足)等。

(2)安全文化与氛围。

安全文化与氛围可以定义为影响管理人员与作业人员绩效的多种变量,包括组织文化和政策。比如,信息流通传递不畅、企业政策不公平、只奖不罚或滥奖、过于强调惩罚等都属于不良的安全文化与氛围。

(3)组织流程。

组织流程主要涉及组织经营过程中的行政决定和流程安排,如施工组织设计不完善、企业安全管理程序存在缺陷、制定的某些规章制度及标准不完善等。①

上述影响中,安全文化与氛围这一因素,虽然在提高安全绩效方面具有积极作用,但不好衡量定性,在事故案例报告中也未明确指明,而且在工程施工各类人员成分复杂的结构当中,其传播很难有一个清晰的脉络。为了简化分析过程,将该因素去除。

2.安全监管

(1)监督(培训)不充分。

监督(培训)不充分指监督者或组织者没有提供专业的指导、培训、监督等。若组织者没有提供充足的CRM培训,或某个管理人员、作业人员没有这样的培训机会,则班组协同合作能力将会大受影响,出现差错的概率必然增加。

(2)作业计划不适当。

作业计划不适当包括班组人员配备不当(如没有职工带班,没有提供足够的休息时间,任务或工作负荷过重等情况),整个班组的施工节奏以及作业安排不当,会使得作业风险加大。

---

①李宗权,苗勇,陈忠.水利工程施工与项目管理[M].长春:吉林科学技术出版社,2022.

(3)隐患未整改。

隐患未整改指的是管理者知道人员、培训、施工设施、环境等相关安全领域的不足或隐患之后,仍然允许其持续下去的情况。

(4)管理违规。

管理违规指的是管理者或监督者有意违反现有的规章程序或安全操作规程,如允许没有资格、未取得相关特种作业证的人员作业等。

以上四项因素在事故案例报告中均有体现,虽然相互之间有关联,但各有差异,彼此独立。因此,均予以保留。

3. 不安全行为的前提条件

(1)作业环境。

作业环境既指操作环境(如气象、高度、地形等),也指施工人员周围的环境,如作业部位的高温、振动、照明、有害气体等。

(2)技术措施。

技术措施包括安全防护措施、安全设备和设施设计、安全技术交底的情况,以及作业程序指导书与施工安全技术方案等一系列情况。

(3)班组管理。

班组管理属于人员因素,常为许多不安全行为的产生创造前提条件。未认真开展"班前会"及做好"预知危险活动",在施工作业过程中,安全管理人员、技术人员、施工人员等相互间信息沟通不畅,缺乏团队合作等问题属于班组管理不良。

(4)人员素质。

人员素质包括体力(精力)差、不良心理状态与不良生理状态等生理心理素质。如精神疲劳,失去情境意识,工作中自满、安全警惕性差等属于不良心理状态;生病、身体疲劳或服用药物等引起生理状态差;当操作要求超出个人能力范围时会出现身体、智力局限,同时为安全埋下隐患,如视觉局限、休息时间不足、体能不适应等;没有遵守施工人员的休息要求、培训不足、滥用药物等属于个人准备情况的不足。

将标准 HFACS 的"体力(精力)限制""不良心理状态"与"不良生理

状态”合并，是因为这三者可能互相影响和转换。“体力（精力）限制”可能会导致“不良心理状态”与“不良生理状态”，此处便产生了重复，增加了心理和生理状态在所有因素当中的比重。同时，“不良心理状态”与“不良生理状态”之间也可能相互转化，由于心理状态的失调往往会带来生理上的伤害，而生理上的疲劳等因素又会引起心理状态的变化，二者相辅相成，常常是共同存在的。此外，没有充分的休息、滥用药物、生病、心理障碍也可以归结为人员准备不足，因此，将“体力（精力）限制”“不良心理状态”与“不良生理状态”合并至“人员素质”。

4. 施工人员的不安全行为

施工人员的不安全行为是系统存在问题的直接表现。将这种不安全行为分成三类：知觉与决策差错、技能差错、操作违规。

（1）知觉与决策差错。

知觉差错和决策差错通常是并发的，由于对外界条件、环境因素，以及施工器械状况等现场因素感知上产生的失误，进而导致做出错误的决定。知觉差错指一个人的感觉与知觉和实际情况不一致，可能是由于工作场所光线不足，或在不利地质、气象条件下作业等。决策差错指由于经验不足，缺乏训练或外界压力等造成，也可能理解问题不彻底，如紧急情况判断错误，决策失败等。

（2）技能差错。

技能差错包括漏掉程序步骤、作业技术差、作业时注意力分配不当等。技能差错不依赖于所处的环境，而是由施工人员的培训水平决定，在操作当中会不可避免地发生，因此应该作为独立的因素保留。

（3）操作违规。

操作违规是指故意或者主观不遵守安全作业的规章制度，分为习惯性的违章和偶然性的违规。前者是组织或管理人员能够容忍和默许的，所以常造成施工人员习惯成自然。而后者是偏离规章或施工人员偶然的行为模式，一般会被立即禁止。

经过修订的新框架，根据工程施工的特点重新选择了因素。在实际的工程施工事故分析以及制定事故防范与整改措施的过程中，通常会成立事故调查组对某一类原因（如施工人员的不安全行为）进行调查，并给出处理意见及建议。应用 HFACS 框架的目的之一是尽快找到并确定在工程施工中，所有已经发生的事故里，哪一类因素占相对重要的部分，以便集中人力和物力资源对该因素所反映的问题进行整改。对于类似的或者可以归为一类的因素应整体考虑，科学决策，并将结果反馈给整改单位，由他们完成相关一系列后续工作。因此，修订后的 HFACS 框架通过对标准框架因素的调整，增强了独立性和概括性，从而其能更合理地反映水利工程施工的实际状况。

二、安全管理体系

（一）安全管理体系内容

1.建立健全安全生产责任制

安全生产责任制是安全管理的核心，是保障安全生产的重要手段，它能有效地预防事故的发生。

安全生产责任制是根据管生产必须管安全，安全生产人人有责的原则，明确各级领导和各职能部门及各类人员在生产活动中应负的安全职责的制度。有些安全生产责任制，能把安全与生产从组织形式上统一起来，把“管生产必须管安全”的原则从制度上固定下来，从而增强了各级管理人员的安全责任心，使安全管理纵向到底、横向到边、专管成线、群管成网、责任明确、协调配合、共同努力，真正把安全生产工作落到实处。

2.制定安全教育制度

安全教育制度是企业对职工进行安全法律法规、安全知识和安全操作规程培训教育的制度，是增强职工安全意识的重要手段，同时也是企业安全管理的一项重要内容。

安全教育制度内容应规定：定期和不定期安全教育的时间、应受教育的人员、教育的内容和形式。例如，新工人、外施队人员等进场前必须接受三级（公司、项目、班组）安全教育；从事危险性较大的特殊工种人员必须经过专门的培训机构培训合格后持证上岗，每年还必须进行一次安全操作规程的训练和再教育；对采用新工艺、新设备、新技术和变换工种的人员应进行安全操作规程和安全知识的培训和教育。

3.制定安全检查制度

安全检查是发现隐患、消除隐患、防止事故、改善劳动条件和环境的重要措施，是企业预防安全生产事故的一项重要手段。

安全检查制度内容应规定：安全检查负责人、检查时间、检查内容和检查方式。它包括经常性的检查、专业化的检查、季节性的检查和专项性的检查，以及群众性的检查等。对于检查出的隐患应进行登记，并采取定人、定时间、定措施的“三定”办法给予解决，同时对整改情况进行复查验收，彻底消除隐患。

4.制定各工种安全操作规程

工种安全操作规程是消除和控制劳动过程中的不安全行为，预防伤亡事故，确保作业人员的安全和健康的措施，也是企业安全管理的重要制度之一。

安全操作规程的内容应根据国家和行业安全生产法律法规、标准、规范，结合施工现场的实际情况制定出各种安全操作规程。同时还要根据现场使用的新工艺、新设备、新技术，制定出相应的安全操作规程，并监督其实施。

5.制定安全生产奖罚办法

企业制定安全生产奖罚办法的目的是不断提高劳动者进行安全生产的自觉性，调动劳动者的积极性和创造性，防止和纠正违反法律法规和劳动纪律的行为。安全生产奖罚办法是企业安全管理重要制度之一。

安全生产奖罚办法规定奖罚的目的、条件、种类、数额、实施程序等。企业只有建立安全生产奖罚办法，做到有奖有罚、奖罚分明，才能鼓励先进、督促落后。

6. 制定施工现场安全管理规定

施工现场安全管理规定的目的是规范施工现场安全防护设施的标准化、定型化，确保施工人员的操作符合安全规范，保障施工过程的有序进行，预防安全事故的发生等。

施工现场安全管理规定的内容包括施工现场一般安全规定、安全技术管理、脚手架工程安全管理（包括特殊脚手架、工具式脚手架等）、电梯井操作平台安全管理、马路搭设安全管理、大模板拆装存放安全管理、水平安全网、井字架龙门架安全管理、孔洞临边防护安全管理、拆除工程安全管理等。

7. 制定机械设备安全管理制度

机械设备是指目前建筑施工普遍使用的垂直运输和加工机具。由于机械设备本身存在一定的危险性，管理不当就可能造成机毁人亡，所以它是目前施工安全管理的重点对象。

机械设备安全管理制度应规定：大型设备须到上级有关部门备案，确保符合国家和行业有关规定；设备应设专人负责定期进行安全检查、保养，保证机械设备处于良好的状态；各种机械设备的安全管理制度。

8. 制定施工现场临时用电安全管理制度

施工现场临时用电是目前建筑施工现场离不开的一项操作，因为其使用广泛、危险性比较大，且牵涉到每个劳动者的安全，所以该制度也是施工现场一项重要的安全管理制度。

施工现场临时用电管理制度的内容应包括外电的防护、地下电缆的保护、设备的接地与接零保护、配电箱的设置及安全管理规定（总箱、分箱、开关箱）、现场照明、配电线路、电器装置、变配电装置、用电档案的管理等。

9. 制定劳动防护用品管理制度

使用劳动防护用品是为了减轻或避免劳动过程中，劳动者受到的伤害和职业危害，保护劳动者安全健康的一项预防性辅助措施，是安全生产防止职业性伤害的需要，对于减少职业危害起着相当重要的作用。

劳动防护用品包括安全网、安全帽、安全带、绝缘用品、防职业病用品等。

(二)建立健全安全组织机构

施工企业必须建立健全项目安全组织机构,确定安全生产目标,明确参与各方对安全管理的具体分工。安全岗位责任应与经济利益挂钩。根据项目的性质规模不同,采用不同的安全管理模式。对于大型项目,必须安排专门的安全总负责人,并配以合理的班子,共同进行安全管理,建立安全生产管理的资料档案。实行单位领导对整个施工现场负责,专职安全员对部位负责,班组长和施工技术员对各自的施工区域负责,操作者对自己的工作范围负责的“四负责”制度。

(三)建立安全管理体系步骤

1.领导决策

最高管理者亲自决策,以便获得各方面的支持和在体系建立过程中所需的资源保证。

2.成立工作组

最高管理者或授权管理者代表成立工作小组负责建立安全管理体系。工作小组的成员要覆盖组织的主要职能部门,组长最好由管理者代表担任,以保证小组对人力、资金、信息的获取。

3.人员培训

培训的目的是使相关人员了解建立安全管理体系的重要性,了解安全管理体系的主要思想和内容。

4.初始状态评审

初始状态评审要对组织过去和现在的安全信息与状态进行收集,展开调查分析,识别并获取现行适用的法律法规和其他要求,进行危险源辨识和风险评价,评审的结果将作为制定安全方针、管理方案、编制体系文件的基础。

5.制定方针、安全目标、指标的管理方案

方针是组织对其安全行为的原则和意图的声明，也是组织自觉承担自身责任和义务的承诺。方针不仅为组织确定了总的指导方向和行动准则，也是评价一切后续活动的依据，并为更加具体的目标和指标提供一个框架。

安全目标、指标是组织为了实现安全方针中所体现的管理理念及对整体绩效的期许与原则而制定的，与企业的总目标相一致。

管理方案是实现目标、指标的行动方案。为保证安全管理体系的实现，需结合年度管理目标和企业客观实际情况，策划制定安全管理方案。管理方案应明确指出实现目标、指标相关部门的职责、方法、时间表以及资源的要求。

第三节　施工安全控制与安全应急预案

一、施工安全控制

（一）安全操作要求

1.爆破作业

（1）爆破器材的运输。

气温低于10℃运输易冻的硝化甘油炸药时，应采取防冻措施；气温低于－15℃运输硝化甘油炸药时，也应采取防冻措施；禁止用翻斗车、自卸汽车、拖车、机动三轮车、人力三轮车、摩托车和自行车等运输爆破器材；运输炸药雷管时，装车高度要低于车厢10cm，且车厢、船底应加软垫，雷管箱不许倒放或立放，层间也应垫软垫；水路运输爆破器材，停泊地点距岸上建筑物不得小于250m；汽车运输爆破器材，汽车的排气管宜设在车前下侧，并应设置防火罩装置；汽车在视线良好的情况下行驶时，时速不得超过20km（工区内不得超过15km）；汽车在弯多坡陡、路面狭窄的山区行驶，时速应保持在5km以内；平坦道路的行车间距应大于50m，上下坡的行车间距应大于300m。

(2)爆破。

明挖爆破音响依次发出预告信号(现场停止作业，人员迅速撤离)、准备信号、起爆信号、解除信号。检查人员确认安全后，由爆破作业负责人通知警报室发出解除信号。在特殊情况下，如准备工作尚未结束，应由爆破负责人通知警报室延后发布起爆信号，并用广播器通知现场全体人员。装药和堵塞应使用木、竹制作的炮棍，严禁使用金属棍棒装填。

深孔、竖井、倾角大于30°的斜井，以及有瓦斯和粉尘爆炸危险等工作面的爆破，禁止采用火花起爆；炮孔的排距较密时，导火索的外露部分不得超过1m，以防止导火索互相交错而起火；一人连续单个点火的火炮，暗挖不得超过5个，明挖不得超过10个；应在爆破负责人指挥下，做好分工及撤离工作；当信号炮响后，全部人员应立即撤出炮区，迅速到安全地点掩蔽；应使用专用点火工具点燃导火索，禁止使用火柴和打火机等。

用导爆管起爆时，要设计起爆网络，并进行传爆试验；网络中所使用的连接元件应经过检验合格；禁止导爆管打结，禁止在药包上缠绕；网络的连接处应牢固，两元件应相距2m；敷设后应严加保护，防止冲击或损坏；一个8号雷管起爆导爆管的数量不宜超过40根，层数不宜超过三层；只有确认网络连接正确，与爆破无关人员已经撤离，才准许接入引爆装置。

2.起重作业

钢丝绳的安全系数应符合有关规定，具备经有关部门批准的安全技术措施；根据起重机的额定负荷，计算好每台起重机的吊点位置，最好采用平衡梁起吊；每台起重机所分配的荷重不得超过其额定负荷的75%～80%；应有专人统一指挥，指挥者应站在两台起重机司机都能看到的位置；重物应保持水平，钢丝绳应保持垂直受力均衡；起吊重物离地面10cm时，应停机检查绳扣、吊具和吊车的刹车可靠性，仔细观察周围有无障碍物，确认无问题后，方可继续起吊。

3.脚手架拆除作业

拆脚手架前，必须将电气设备和其他管、线、机械设备等拆除或加以保护；拆脚手架时，应统一指挥，按顺序自上而下进行，严禁上下层同时拆除或自下而上进行；拆下的材料，禁止往下抛掷，应用绳索捆牢，用滑车、卷扬等方法慢慢放下来，集中堆放在指定地点；拆脚手架时，严禁采用将整个脚手架推倒的方法进行拆除；三级、特级及悬空高处作业使用的脚手架拆除时，必须事先制定安全可靠的措施才能进行拆除；拆除脚手架的区域内，无关人员禁止逗留和通过，在交通要道应设专人警戒；脚手架搭成后，未经有关人员同意，不得任意改变脚手架的结构和拆除部分杆子。

4.常用安全工具

安全帽、安全带、安全网等施工生产使用的安全防护用具，应符合国家规定的质量标准，具有厂家安全生产许可证、产品合格证和安全鉴定合格证书，否则不得采购、发放和使用；高处临空作业应按规定架设安全网，作业人员使用的安全带，应挂在牢固的物体上或可靠的安全绳上，安全带严禁低挂高用；挂安全带用的安全绳，不宜超过3m；在有毒有害气体可能泄漏的作业场所，应配置必要的防毒护具，以备急用，并及时检查维修更换，保证其处在良好待用状态；电气操作人员应根据工作条件选用适当的安全电工用具和防护用品，电工用具应符合安全技术标准并定期检查，凡不符合技术标准要求的绝缘安全用具、登高作业安全工具、携带式电压和电流指示器以及检修中的临时接地线等，均不得使用。

(二)安全控制要点

1.一般脚手架安全控制要点

(1)脚手架搭设前应根据工程的特点和施工工艺要求确定搭设(包括拆除)施工方案。

(2)脚手架必须设置纵、横向扫地杆。

(3)高度在24m以下的单、双排脚手架必须在外侧立面的两端各设置一道剪刀撑并由底至顶连续设置中间各道剪刀撑。剪刀撑及横向斜撑搭设应随立杆、纵向和横向水平杆等同步搭设，各底层斜杆下端必须支撑在垫块或垫板上。

(4)高度在24m以下的单、双排脚手架宜采用刚性连墙件与建筑物可靠连接，亦可采用拉筋和顶撑配合使用的附墙连接方式，严禁使用仅有拉筋的柔性连墙件。24m以上的双排脚手架必须采用刚性连墙件与建筑物可靠连接，连墙件必须采用可承受拉力和压力的构造。50m以下(含50m)脚手架连墙件，应按三步三跨进行布置，50m以上的脚手架连墙件应按两步三跨进行布置。

2. 一般脚手架检查与验收程序

脚手架的检查与验收应由项目经理组织项目施工、技术、安全及作业班组负责人等有关人员参加，按照技术规范、施工方案、技术交底等有关技术文件对脚手架进行分段验收，在确认符合要求后方可投入使用。

脚手架及其地基基础应在下列阶段进行检查和验收。

(1)基础完工后及脚手架搭设前。

(2)作业层上施加荷载前。

(3)每搭设完10～13m高度后。

(4)达到设计高度后。

(5)遇有六级及以上大风与大雨后。

(6)寒冷地区土层开冻后。

(7)停用超过一个月的，在重新投入使用前。

3. 附着式升降脚手架(整体提升脚手架或爬架)作业安全控制要点

附着式升降脚手架(整体提升脚手架或爬架)作业要针对提升工艺和施工现场作业条件编制专项施工方案，专项施工方案包括设计、施工、检查、维护和管理等全部内容。

安装搭设必须严格按照设计要求和规定程序进行，安装后经验收并进行荷载试验，确认符合设计要求后，方可正式使用；进行提升和下降作业时，架上人员和材料的数量不得超过设计规定并尽可能减少；升降前必须仔细检查附着连接和提升设备的状态是否良好，发现异常应及时查找原因并采取措施解决；[①]升降作业应统一指挥、协调动作；在安装，升降，拆除作业时，应划定安全警戒范围并安排专人进行监护。

4. 洞口、临边防护控制

(1)洞口作业安全防护基本规定。

①各种楼板与墙的洞口按其大小和性质应分别设置牢固的盖板、防护栏杆、安全网或其他防坠落的防护设施。

②坑槽、桩孔的上口柱形、条形等基础的上口以及天窗等处都要作为洞口采取符合规范的防护措施。

③楼梯口、楼梯口边应设置防护栏杆或者用正式工程的楼梯扶手代替临时防护栏杆。

④井口除设置固定的栅门外，还应在电梯井内每隔两层不大于 10m 处设一道安全平网进行防护。

⑤在建工程的地面入口处和施工现场人员流动密集的通道上方应设置防护棚，防止因落物产生物体打击事故。

⑥施工现场大的坑槽、陡坡等处除需设置防护设施与安全警示标牌外，夜间还应设红灯示警。

(2)洞口的防护设施要求。

①楼板、屋面和平台等面上短边尺寸小于 25cm 但大于 2.5cm 的孔口必须用坚实的盖板盖严，盖板要有防止挪动移位的固定措施。

②楼板面等处边长为 25～50cm 的洞口、安装预制构件时的洞口以及因缺件临时形成的洞口可用竹、木等做盖板盖住洞口，盖板要保持四周搁置均衡并有固定其位置不发生挪动移位的措施。

③边长为 50～150cm 的洞口必须设置一层以扣件连接钢管而成的网格栅，并在其上满铺竹篱笆或脚手板，也可采用贯穿于混凝土板内的钢筋构成防护网栅、钢盘网格，但间距不得大于 20cm。

---

①叶爱崇，生金根. 主体结构工程施工[M]. 北京：北京理工大学出版社，2019.

④边长在150cm以上的洞口四周必须设置防护栏杆，洞口下方也应设置安全平网防护。

(3)施工用电安全控制。

①施工现场临时用电设备在5台及以上或设备总容量在50kW及以上时应编制用电组织设计。临时用电设备在5台以下和设备总容量在50kW以下时应制定安全用电和电气防火措施。

②变压器中性点直接接地的低压电网临时用电工程必须采用TN-S接零保护系统。

③当施工现场与外线路共用同一供电系统时，电气设备的接地、接零保护应与原系统保持一致，不得一部分设备做保护接零，另一部分设备做保护接地。

④配电箱的设置，具体内容如下：

第一，施工用电配电系统应设置总配电箱(配电柜)、分配电箱、开关箱，并按照“总—分—开”顺序作分级设置形成“三级配电”模式。

第二，施工用电配电系统各配电箱、开关箱的安装位置要合理。总配电箱(配电柜)要尽量靠近变压器或外电源处以便于电源的引入。分配电箱应尽量安装在用电设备或负荷相对集中区域的中心地带，确保三相负荷保持平衡。开关箱安装的位置应视现场情况和工况尽量靠近其控制的用电设备。

第三，为保证临时用电配电系统三相负荷平衡，施工现场的动力用电和照明用电应形成两个用电回路，动力配电箱与照明配电箱应该分别设置。

第四，施工现场所有用电设备必须有各自专用的开关箱。

第五，各级配电箱的箱体和内部设置必须符合安全规定，开关电器应标明用途，箱体应统一编号。停止使用的配电箱应切断电源，箱门上锁。固定式配电箱应设围栏并有防雨防砸措施。

⑤电器装置的选择与装配。在开关箱中作为末级保护的漏电保护器，其额定漏电动作电流不应大于30mA，额定漏电动作时间不应大于

0.1s;在潮湿、有腐蚀性介质的场所中,漏电保护器要选用防溅型的产品,其额定漏电动作电流不应大于15mA,额定漏电动作时间不应大于0.1s。

⑥施工现场照明用电,具体内容如下:

第一,在坑、洞、井内作业,夜间施工或厂房、道路、仓库、办公室、食堂、宿舍、料具堆放场所及自然采光差的场所应依据实际情况设置一般照明、局部照明或混合照明。一般场所宜选用额定电压220V的照明器。

第二,隧道、人防工程、高温、有导电灰尘、比较潮湿或灯具离地面高度低于2.5m等场所的照明电源电压不得大于36V。

第三,潮湿和易触及带电体场所的照明电源电压不得大于24V。

第四,特别潮湿场所、导电良好的地面、锅炉或金属容器内的照明电源电压不得大于12V。

第五,照明变压器必须使用双绕组型安全隔离变压器,严禁使用自耦变压器。

第六,室外220V灯具距地面不得低于3m,室内220V灯具距地面不得低于2.5m。

(4)垂直运输机械安全控制。

①外用电梯安全控制要点

第一,外用电梯在安装和拆卸之前必须针对其类型特点、说明书的技术要求,结合施工现场的实际情况制定详细的施工方案。

第二,外用电梯的安装和拆卸作业必须由取得相应资质的专业队伍进行安装和拆卸,经验收合格,取得政府相关主管部门核发的准用证后方可投入使用。

第三,外用电梯在大雨、大雾和六级及以上大风天气时应停止使用。暴风雨过后应对电梯各有关安全装置进行一次全面检查。

②塔式起重机安全控制要点

第一,塔式起重机在安装和拆卸之前必须针对类型特点说明书的技术要求,结合作业条件制定详细的施工方案。

第二,塔式起重机的安装和拆卸作业必须由取得相应资质的专业队伍进行安装和拆卸,经验收合格,取得政府相关主管部门核发的准用证后方可投入使用。

第三,遇六级及以上大风等恶劣天气应停止作业,将吊钩升起,行走式塔式起重机要夹好轨钳。当风力达十级以上时,应在塔身结构上设置缆风绳或采取其他措施加以固定。

二、安全应急预案

应急预案又称“应急计划”或“应急救援预案”,是针对可能发生的事故,为迅速、有序地开展应急行动、降低人员伤亡和经济损失而预先制定的有关计划或方案。它是在辨识和评估潜在重大危险、事故类型、发生的可能性、发生的过程、事故后果及影响严重程度的基础上,对应急机构职责、人员、技术、装备、设施、物资、救援行动及指挥与协调方面预先做出的具体安排。应急预案明确了在事故发生前、事故过程中及事故发生后,谁负责做什么,何时做,怎么做以及相应的策略和资源准备等。

(一)事故应急预案

为控制重大事故的发生,防止事故蔓延,有效地组织抢险和救援,政府和生产经营单位应对已初步认定的危险场所和部位进行风险分析。对认定的危险有害因素和重大危险源,应事先对事故后果进行模拟分析,预测重大事故发生后的状态、人员伤亡情况及设备破坏和损失程度,以及由于物料的泄漏可能引起的火灾、爆炸、有毒有害物质扩散对单位可能造成的影响。

依据预测,政府和生产经营单位应提前制定重大事故应急预案,组织、培训事故应急救援队伍,配备事故应急救援器材,以便在重大事故发生后,能及时按照预定方案进行救援,在最短时间内使事故得到有效控制。

1.编制事故应急预案的主要目的

(1)采取预防措施使事故控制在局部,消除蔓延条件,防止突发性重大或连锁事故发生。

(2)确保在事故发生后迅速控制和处理事故,尽可能减轻事故对人员及财产的影响,保障人员生命和财产安全。

2. 事故应急预案的作用

事故应急预案是事故应急救援体系的主要组成部分,是事故应急救援工作的核心内容之一,也是及时、有序、有效地开展事故应急救援工作的重要保障。

(1)事故应急预案确定了事故应急救援的范围和体系,使事故应急救援不再无据可依、无章可循。通过培训和演练,可以使应急人员熟悉自己的任务,具备完成指定任务所需的相应能力,并检验预案和行动程序,评估应急人员的整体协调性。

(2)事故应急预案有利于各方做出及时的应急响应,减小事故后果。应急行动对时间要求十分敏感,不允许有任何拖延。事故应急预案预先明确了应急各方的职责和响应程序,在应急救援等方面进行了先期准备,可以指导事故应急救援迅速、高效、有序地开展,将事故造成的人员伤亡、财产损失和环境破坏降到最低。

(3)事故应急预案是各类突发事故的应急基础。通过编制事故应急预案,可以对那些无法预料的突发事故起到基本的应急指导作用,成为开展事故应急救援的“底线”。在此基础上,还可以针对特定事故类别编制专项事故应急预案,并有针对性地制定应急措施、进行专项应对准备和演习。

(4)事故应急预案建立了与上级单位和部门事故应急救援体系的衔接。通过编制事故应急预案可以确保当发生超过本级应急能力的重大事故时与有关应急机构的联系和协调。

(5)事故应急预案有利于增强风险防范意识。事故应急预案的编制、评审、发布、宣传、推演、教育和培训,有利于各方了解可能面临的重大事故及其相应的应急措施,有利于促进各方增强风险防范意识和能力。

(二)应急预案的编制

事故应急预案的编制过程可分为以下四个步骤。

1. 成立事故预案编制小组

应急预案的成功编制需要有关职能部门和团体的积极参与,并达成一致意见,尤其是应寻求与危险直接相关的各方进行合作。成立事故应急预案编制小组是将各有关职能部门、各类专业技术有效结合起来的最佳方式,可以有效保证应急预案的准确性、完整性和实用性,并为应急各方提供了一个非常重要的协作与交流机会,有利于统一应急各方的不同观点和意见。

2. 危险分析和应急能力评估

为了准确策划事故应急预案的编制目标和内容,应开展危险分析和应急能力评估工作。

(1)危险分析。

危险分析是应急预案编制的基础和关键过程。它要在危险因素辨识分析、评价及事故隐患排查、治理的基础上,确定本区域或本单位可能发生事故的危险源、事故的类型、影响范围和后果等,并指出事故可能产生的次生、衍生事故,形成分析报告,并将分析结果作为应急预案的编制依据。危险分析的主要内容为危险源的分析和危险度评估。危险源的分析主要包括有毒、有害、易燃、易爆物质的企事业单位的名称、地点、种类、数量、分布、产量、储存、危险度、以往事故发生情况和发生事故的诱发因素等。事故源潜在危险度的评估是在对危险源进行全面调查的基础上,对企业单位的事故潜在危险度进行全面的科学评估,为确定目标单位危险度的等级找出科学的数据依据。

(2)应急能力评估。

应急能力评估是依据危险分析的结果,对应急资源的准备状况、充分性和从事应急救援活动所具备的能力进行评估,以明确应急救援的需求和不足,为事故应急预案的编制奠定基础。应急能力包括应急资源(应急人员、应急设施、装备和物资)、应急人员的技术、经验和接受的培训等,它将直接影响应急行动的快速性和有效性。制定应急预案时应当在评估与潜在危险相适应的应急能力的基础上,选择最现实、最有效的应急策略。

3.应急预案编制

针对可能发生的事故,需结合危险分析和应急能力评估结果等信息,按照应急预案的相关法律法规要求编制应急救援预案。应急预案编制过程中,应注意编制人员的参与和培训,充分发挥他们各自的专业优势,使他们掌握危险分析和应急能力评估结果,明确应急预案的框架、应急过程行动重点以及应急衔接、联系要点等。同时,应急预案的编制应充分利用社会应急资源,考虑与政府应急预案、上级主管单位以及相关部门的应急预案相衔接。

4.应急预案的评审和发布

(1)应急预案的评审。

为使预案切实可行、科学合理以及与实际情况相符,尤其是重点目标的具体行动预案,编制前后需要组织有关部门、专家、领导到现场进行实地勘察,如重点目标周围地形、环境、指挥所位置、分队行动路线、展开位置、人口疏散道路及流散地域等要实地勘察、实地确定。经过实地勘察修改预案后,应急预案编制单位或管理部门还要依据我国有关应急的方针、政策、法律法规、规章、标准和其他有关应急预案编制的指南性文件与评审检查表,组织有关部门、单位的领导和专家进行评议,并取得政府有关部门和应急机构的认可。

(2)应急预案的发布。

事故应急救援预案经评审通过后,应由最高行政负责人签署发布,并报送有关部门和应急机构备案。预案经批准发布后,应组织落实预案中的各项工作,如开展应急预案宣传、教育和培训,落实应急资源并定期检查,组织开展应急演习和训练,建立电子化的应急预案,对应急预案实施动态管理与更新,并不断完善。

(三)事故应急预案的主要内容

一个完整的事故应急预案主要包括以下六个方面的内容。

1.事故应急预案概况

事故应急预案概况主要描述生产经营单位概况以及危险特性状况等,同时对紧急情况下事故应急救援紧急事件、适用范围提供简述并作必要说明,如明确应急方针与原则等。

2.预防程序

预防程序是对潜在事故、可能的次生与衍生事故进行分析,并说明所采取的预防和控制事故的措施。

3.准备程序

准备程序应说明应急行动前所需采取的准备工作,包括应急组织及其职责权限、应急队伍建设和人员培训、应急物资的准备、预案的演练、公众的应急知识培训、签订互助协议等。

4.应急程序

在事故应急救援过程中,存在一些必需的核心功能和任务,如接警与通知、指挥与控制、警报和紧急公告、通信、事态监测与评估、警戒与治安、人群疏散与安置、医疗与卫生、公共关系、应急人员安全、抢险与救援、危险物质监控等,无论何种应急过程都必须围绕上述功能和任务开展。应急程序主要指实施上述核心功能和任务的步骤。

(1)接警与通知。

准确了解事故的性质和规模等初始信息是决定启动事故应急救援的关键。接警作为应急响应的第一步,必须对接警要求做出明确规定,保证迅速、准确地向报警人员询问事故现场的重要信息。接警人员接到报警后,应按预先确定的通报程序,迅速向有关应急机构、政府及上级部门发出事故通知,以采取相应的行动。

(2)指挥与控制。

建立统一的应急指挥、协调和决策程序,有利于对事故进行初始评估，确认紧急状态，从而迅速有效地进行应急响应决策，建立现场工作区域，确定重点保护区域和应急行动的优先原则，指挥和协调现场各救援队伍开展救援行动，合理高效地调配和使用应急资源等。

(3)警报和紧急公告。

当事故可能影响到周边地区，以及对周边地区的公众可能造成威胁时，应及时启动警报系统，向公众发出警报，同时通过各种途径向公众发出紧急公告，告知事故性质、对健康的影响、自我保护措施、注意事项等，以保证公众能够及时做出自我保护响应。决定实施疏散时，应通过紧急公告确保公众了解疏散的有关信息，如疏散时间、路线、随身携带物、交通工具及目的地等。

(4)通信。

通信是应急指挥、协调和与外界联系的重要保障，在现场指挥部、应急中心、各事故应急救援组织、新闻媒体、医院、上级政府和外部救援机构之间，必须建立完善的应急通信网络，在事故应急救援过程中应始终保持通信网络畅通，并设立备用通信系统。

(5)事态监测与评估。

在事故应急救援过程中必须及时对事故的发展趋势和影响进行动态监测，建立对事故现场及场外的监测和评估程序。事态监测在事故应急救援中起着非常重要的决策支持作用，其结果不仅是控制事故现场，制定消防、抢险措施的重要决策依据，也是划分现场工作区域、保障现场应急人员安全、实施公众保护措施的重要依据。即使在现场恢复阶段，也要对现场和环境进行监测。

(6)警戒与治安。

为保障现场事故应急救援工作的顺利开展，在事故现场周围建立警戒区域，实施交通管制，维护现场治安秩序是十分必要的，其目的是防止与救援无关人员进入事故现场，保障救援队伍、物资运输和人群疏散等的交通畅通，避免发生不必要的伤亡。

(7)人群疏散与安置。

人群疏散是防止人员伤亡扩大的关键，也是最彻底的应急响应。要对疏散的紧急情况和决策、预防性疏散准备、疏散区域、疏散距离、疏散路线、疏散运输工具、避难场所以及回迁等做出细致的规定和准备，应考虑疏散人群的数量、所需要的时间、风向等环境变化以及老弱病残等特殊人群的疏散等问题。对已实施临时疏散的人群，要做好临时生活安置，保障必要的水、电、卫生等基本条件。

(8)医疗与卫生。

对受伤人员采取及时、有效地现场急救，并合理转送医院进行治疗，是减少事故现场人员伤亡的关键。医疗人员必须了解城市主要的危险并经过培训，掌握对受伤人员进行正确消毒和治疗的方法。

(9)公共关系。

事故发生后，不可避免地会引起新闻媒体和公众的关注。应将有关事故的信息、影响、救援工作的进展等情况及时向媒体和公众公布，以消除公众的恐慌心理，避免公众的猜疑和不满。应保证事故和救援信息的统一发布，明确事故应急救援过程中对媒体和公众发布信息的程序，避免信息的不一致性。同时，还应处理好公众的有关咨询，接待和安抚受害者家属。

(10)应急人员安全。

水利工程施工安全事故的应急救援工作危险性极大，必须对应急人员自身的安全问题进行周密的考虑，包括安全预防措施、个体防护设备、现场安全监测等，明确紧急撤离应急人员的条件和程序，保证应急人员免受事故的伤害。

(11)抢险与救援。

抢险与救援是事故应急救援工作的核心内容之一，其目的是尽快控制事故的发展，防止事故的蔓延和进一步扩大，从而最终控制住事故，并积极营救事故现场的受害人员。尤其是涉及危险物质的泄漏、火灾事故，其消防和抢险工作的难度和危险性巨大，应对消防和抢险的器材和物资、人员的培训、方法和策略以及现场指挥等做好周密的安排和准备。

(12)危险物质监控。

危险物质的泄漏或失控，将可能引发火灾、爆炸事故，对工人和设备等造成严重危险。而且，泄漏的危险物质以及夹带了有毒物质的灭火用水，都可能对环境造成重大影响，同时也会给现场救援工作带来更大的危险。因此，必须对危险物质进行及时有效的控制（如对泄漏物的围堵、收容和洗消）并进行妥善处置。

5.恢复程序

恢复程序是指事故现场应急行动结束后所需采取的清除和恢复行动。现场恢复是在事故被控制住后进行的短期恢复，从应急过程来说意味着事故应急救援工作的结束，并进入另一个工作阶段，即将现场恢复到一个基本稳定的状态。经验教训表明，在现场恢复的过程中往往仍存在潜在的危险，如余烬复燃、受损建筑物倒塌等，所以，应充分考虑现场恢复过程中的危险，制定恢复程序，防止事故再次发生。

6.预案管理与评审改进

事故应急预案是事故应急救援工作的指导文件。要对预案的制定、修改、更新、批准和发布做出明确的管理规定，保证定期或在应急演习、事故应急救援后对事故应急预案进行评审，针对各种变化的情况以及预案中所暴露出的缺陷，不断地完善事故应急预案体系。

（四）应急预案的分类

综合应急预案是应急预案体系的总纲，主要从总体上阐述事故的应急工作原则，包括应急组织机构及职责、应急预案体系、事故风险描述、预警及信息报告、应急响应、保障措施、应急预案管理等内容。

专项应急预案是为应对某一类型或某几种类型事故，或者针对重要生产设施、重大危险源、重大活动等内容而制定的应急预案。专项应急预案主要包括事故风险分析、应急指挥机构及职责、处置程序和措施等内容。

现场处置方案是根据不同事故类别，针对具体的场所、装置或设施所制定的应急处置措施，主要包括事故风险分析、应急工作职责、应急处置和注意事项等内容。水利工程建设参建各方应根据风险评估、岗位操作规程以及危险性控制措施，组织本单位现场作业人员及相关专业人员共同编制现场处置方案。

应急预案应形成体系，针对各级各类可能发生的事故和所有危险源制定专项应急预案和现场处置方案，并明确事前、事发、事中、事后各个过程中相关单位、部门和有关人员的职责。水利水电工程建设项目应根据现场情况，详细分析现场具体风险(如某处易发生滑坡事故)，编制现场处置方案，由施工企业编制，监理单位审核，项目法人备案；分析工程现场的风险类型(如人身伤亡)，编写专项应急预案，由监理单位与项目法人起草，相关领导审核，向各施工企业发布；综合分析现场风险，应急行动、措施和保障等基本要求和程序，编写综合应急预案，由项目法人编写，项目法人领导审批，向监理单位、施工企业发布。

由于综合应急预案是综合性文件，因此要求要素全面，而专项应急预案和现场处置方案要素重点在于制定具体救援措施，因此对于单位概况等基本要素不作内容要求。

(五)应急预案的编制步骤

1.成立预案编制工作组

水利水电工程建设参建各方应结合本单位实际情况，成立以主要负责人为组长的应急预案编制工作组，明确编制任务、职责分工，制订工作计划，组织开展应急预案编制工作。应急预案编制需要安全、工程技术、组织管理、医疗急救等各方面的知识，因此应急预案编制工作组是由各方面的专业人员或专家、预案制定和实施过程中所涉及或受影响的部门负责人及具体执行人员组成。必要时，编制工作组也可以邀请地方政府相关部门、水行政主管部门或流域管理机构代表作为成员。

2.收集相关资料

收集应急预案编制所需的各种资料是一项非常重要的基础工作。掌握相关资料的多少、资料内容的详细程度和资料的可靠性将直接关系到应急预案编制工作是否能够顺利进行，以及能否编制出质量较高的事故应急预案。

3.风险评估

风险评估是编制应急预案的关键，所有应急预案都建立在风险分析的基础之上。在危险因素分析、危险源辨识及事故隐患排查、治理的基础上，确定水利工程建设项目的危险源、可能发生的事故类型和后果，进行事故风险分析，并指出事故可能产生的次生、衍生事故及后果，形成分析报告，分析结果将作为事故应急预案的编制依据。

4.应急能力评估

应急能力评估就是依据危险分析的结果，对应急资源准备状况的充分性和从事应急救援活动所具备的能力进行评估，以明确应急救援的需求和不足，为应急预案的编制奠定基础。水利水电工程建设项目应针对可能发生的事故及事故抢险的需要，实事求是地评估本工程的应急装备、应急队伍等应急能力。对于事故应急所需但本工程尚不具备的应急能力，应采取切实有效的措施予以弥补。

5.应急预案编制

在以上工作的基础上，针对水利工程建设项目可能发生的事故，应按照有关规定和要求，充分借鉴国内外同行业事故应急工作经验，编制应急预案。应急预案编制过程中，应注重编制人员的参与和培训，充分发挥他们各自的专业优势，并告知其风险评估和应急能力评估结果，明确应急预案的框架、应急过程行动重点以及应急衔接、联系要点等。同时，应急预案还应充分考虑和利用社会应急资源，并与地方政府、流域管理机构、水行政主管部门以及相关部门的应急预案相衔接。

6.应急预案评审

(1)评审方法。

应急预案评审分为形式评审和要素评审，评审可采取符合、基本符合、不符合三种方式进行简单判定。对于基本符合和不符合的项目，应给出指导性意见或建议。

①形式评审。依据有关规定和要求，对应急预案的层次结构、内容格式、语言文字和制定过程等内容进行审查。形式评审的重点是应急预案的规范性和可读性。

②要素评审。依据有关规定和标准，从符合性、适用性、针对性、完整性、科学性、规范性和衔接性等方面对应急预案进行评审。要素评审包括

关键要素和一般要素。为细化评审，可采用列表方式分别对应急预案的要素进行评审。评审应急预案时，将应急预案的要素内容与表中的评审内容及要求进行对应分析，判断是否符合表中要求，从而发现存在的问题及不足。

关键要素指应急预案构成要素中必须规范的内容。这些要素内容涉及水利水电工程建设项目参建各方日常应急管理及应急救援时的关键环节，如应急预案中的危险源与风险分析、组织机构及职责、信息报告与处置、应急响应程序与处置技术等要素。

(2)评审程序。

应急预案编制完成后，应在广泛征求意见的基础上，采取会议评审的方式进行审查，会议审查规模和参加人员需根据应急预案涉及范围和重要程度来确定。

①评审准备。应急预案评审应做好这几项准备工作：成立应急预案评审组，明确参加评审的单位或人员；通知参加评审的单位或人员具体评审时间；将被评审的应急预案在评审前送达参加评审的单位或人员。

②会议评审。会议评审可按照该程序进行：介绍应急预案评审人员构成，推选会议评审组组长；应急预案编制单位或部门向评审人员介绍应急预案编制或修订情况；评审人员对应急预案进行讨论，提出修改和建设性意见；应急预案评审组根据会议讨论情况，提出会议评审意见；讨论通过会议评审意见，参加会议评审人员签字。

③意见处理。评审组组长负责对各位评审人员的意见进行协调和归纳，综合提出预案评审的结论性意见。按照评审意见，对应急预案存在的问题以及不合格项进行分析研究，并对应急预案进行修订或完善。反馈意见要求重新审查的，应按照要求重新组织审查。

(3)评审要点。

应急预案评审应包括下列内容。

①符合性。应急预案的内容是否符合有关法规、标准和规范的要求。

②适用性。应急预案的内容及要求是否符合单位实际情况。

③完整性。应急预案的要素是否符合评审表规定的要素。

④针对性。应急预案是否针对可能发生的事故类别、重大危险源、重点岗位部位。

⑤科学性。应急预案的组织体系、预防预警、信息报送、响应程序和处置方案是否合理。

⑥规范性。应急预案的层次结构、内容格式、语言文字等是否简洁明了,便于阅读和理解。

⑦衔接性。综合应急预案、专项应急预案、现场处置方案以及其他部门或单位预案是否衔接。

(六)应急预案管理

1.应急预案备案

中央管理的企业综合应急预案和专项应急预案,报国务院国有资产监督管理部门、国务院安全生产监督管理部门和国务院有关主管部门备案;其所属单位的应急预案分别抄送所在地的省、自治区、直辖市或者设区的人民政府安全生产监督管理部门和有关主管部门备案。

受理备案登记的安全生产监督管理部门及有关主管部门应当对应急预案进行形式审查,经审查符合要求的,予以备案并出具应急预案备案登记表;不符合要求的,不予备案并说明理由。

2.应急预案宣传与培训

应急预案宣传和培训工作是保证预案贯彻实施的重要手段,是增强参建人员应急意识,提高事故防范能力的重要途径。

水利工程建设参建各方应采取不同方式开展安全生产应急管理知识和应急预案的宣传和培训工作。应对本单位负责应急管理工作的人员以及专职或兼职应急救援人员进行相应知识和专业技能培训,同时,还要加强对安全生产关键责任岗位员工的应急培训,使其掌握生产安全事故的紧急处置方法,增强自救互救和第一时间处置事故的能力。并在此基础上,确保所有从业人员具备基本的应急技能,熟悉本单位应急预案,掌握本岗位事故防范与处置措施和应急处置程序,提高应急水平。

3. 应急预案演练

应急预案演练是应急准备的一个重要环节。通过演练，可以检验应急预案的可行性和应急反应的准备情况；通过演练，可以发现应急预案存在的问题，完善应急工作机制，提高应急反应能力；通过演练，可以锻炼队伍，提高应急队伍的作战能力，熟悉操作技能；通过演练，可以教育参建人员，增强其危机意识，提高安全生产工作的自觉性。为此，预案管理和相关规章中都应有对应急预案演练的要求。

4. 应急预案修订与更新

应急预案必须与工程规模、机构设置、人员安排、危险等级、管理效率及应急资源等状况相一致。随着时间推移，应急预案中包含的信息可能会发生变化。因此，为了不断完善和改进应急预案并保持预案的时效性，水利工程建设参建各方应根据本单位实际情况，及时更新和修订应急预案。

应急预案在修订前，应对其进行评估，以确定是否需要进行修订，哪些内容需要修订。通过对应急预案更新与修订，可以保证应急预案的持续适应性。同时，更新的应急预案内容应通过有关负责人认可，并及时通告相关单位、部门和人员；修订的预案版本应经过相应的审批程序，并及时发布和备案。

第五章　水利工程施工组织管理

第一节　水利工程施工组织概述

一、建设项目管理发展历程

（一）古代的建设工程项目管理

建设工程项目历史悠久，相应的项目管理工作也源远流长。早期的建设工程项目主要包括房屋建筑（如皇宫、庙宇、住宅等）、水利工程（如运河、沟渠等）、道路桥梁工程、陵墓工程、军事工程（如城墙、兵站）等。古人用智慧与才能，运用当时的工程材料、工程技术和管理方法，创造了一个又一个令后人瞩目的宏伟建筑工程。这些珍贵的文化遗产不仅展示了我国早期阶段在经济、政治、社会、宗教和工程技术方面的发展状况，还反映了当时工程建设管理的专业水平。尽管我们对那个时期的工程项目管理了解不多，但它肯定拥有一个严格的组织管理结构，拥有详尽的工期和费用计划并进行了严格的控制；拥有严格的质量检查标准并采用了严格的质量控制方法。受限于我国早期的科技发展水平和人们的认知能力，历史上的建设工程项目管理往往是基于经验的、非系统性的。因此，古代人们在建设工程项目的组织和执行方面的方法，只能被视为“项目管理”思想的初步形态。

（二）现代的建设工程项目管理

现代的建设工程项目管理产生于 20 世纪中叶。20 世纪 50 年代以后，世界各国的科学技术与经济社会都得到了快速的发展。各国的科学研究项目、国防工程项目和民用工程项目的规模越来越大，应用技术也越来越复杂，所需资源种类越来越多，耗费时间也越来越长，所有这些工程项目的开展对建设工程项目管理提出了新的要求。

早在20世纪40年代美国的原子弹计划，50年代美国海军的“北极星”导弹计划以及60年代的阿波罗登月计划都应用了网络计划技术，以确保工期目标和成本目标的实现。与此同时，系统论、信息论、控制论的思想也得到了较快的发展，这些理论和方法被人们应用于建设工程项目管理中，极大地促进了建设工程项目管理理论与实践的发展。但是在20世纪70年代以前，建设工程项目管理的重点是对项目的范围、费用、质量和采购等方面的管理，管理对象主要是“创造独特的工程产品和服务”的项目。

自20世纪70年代起，计算机技术开始广泛应用，使网络计划的优化功能得到了充分展现。因此，人们开始采用计算机技术来优化建设工程项目的工期、资源、时间和费用，以实现最优的管理成果。另外，管理学中的成熟理论和方法在建设工程项目管理方面也得到了广泛的应用，从而拓展了建设项目管理的研究范围。

总之，现代建设工程项目管理是在20世纪50年代以后发展起来的，在70多年的发展过程中，建设工程项目管理经历了以下几个阶段。

1.网络计划应用阶段

20世纪50年代，网络技术应用于工程项目的工期计划和控制中，并取得了很大的成功。

2.计算机应用初级阶段

20世纪60年代，大型计算机用于网络计划的分析中。当时大型计算机的网络计划分析技术日趋成熟，但因当时的计算机尚未普及且上机费用较高，一般的项目不可能使用计算机进行管理。所以这一时期的计算机在项目管理中尚未普及。

3.信息系统方法应用阶段

20世纪70年代，人们逐渐将信息系统技术融入建设项目的管理中，从而提出了项目管理信息系统的概念。在这一阶段,计算机网络分析软件已经达到了高度成熟的状态。项目管理信息系统的推出不仅加深了项目管理研究的深度、拓宽了研究范围,还提高了网络技术的实用性和扩大了其应用范围,在已有的工期计划基础上,实现了通过计算机进行资源和成本的规划、优化和控制。在整个70年代,人们对项目管理流程以及各种管理功能进行了全方位和系统性的研究,从而使项目管理的功能得到了不断的拓展。人们也对项目组织在企业功能组织中的运用进行了深入研究,从而推动了项目管理在企业运营中的广泛应用。

4.普及计算机阶段

20世纪70年代末80年代初,随着计算机技术的广泛应用,项目管理的理论和实践方法已经拓展到了更多的领域。在这一阶段,项目管理的核心目标是使流程更为简洁和高效,从而让普通的项目管理公司以及中小型企业在执行中小型项目时都能采纳现代的项目管理策略和工具。这一做法取得了显著的成果和经济回报。

5.管理领域扩大阶段

20世纪80年代以后,建设项目管理的研究领域进一步扩大,包含了合同管理、界面管理、项目风险管理、项目组织行为和沟通管理等。在计算机应用上则加强了决策支持系统、专家系统和互联网技术应用的研究。

作为现代管理科学的一个重要分支学科——建设工程项目管理,自1982年引进我国,经历了1988年在全国进行应用试点,1993年正式推广等阶段,至今已有40多年的历史。在各级政府、建设主管部门的大力推动和全国工程界的努力实践下,我国建设工程项目管理已经取得了较大的发展。

(三)现代建设工程项目管理的特征

1.内容更丰富

现代建设工程项目管理内容由原来对项目的范围、费用、质量和采购等方面的管理,扩展到对项目的合同管理、人力资源管理、项目组织管理、沟通协调管理、项目风险管理和信息管理等。

2.强调整体管理

从前期的项目决策、项目计划、实施和变更控制到项目的竣工验收与运营,涵盖了建设工程项目生命周期的全过程。

3.管理技术更加科学

现代建设项目管理从管理技术手段上,更加依赖计算机技术和互联网技术,能及时吸收工程技术进步与管理方法创新的最新成果。

4.应用范围更广泛

建设工程项目管理的应用,已经从传统的土木工程扩展到航空航天、环境工程、公用工程、各类企业研发工程以及资源性开发项目和政府投资的文教、卫生、社会事业等工程项目管理领域。

二、建设项目管理趋势

随着人类社会在经济、技术、社会和文化等各方面的发展,以及建设工程项目管理理论与知识体系的逐渐完善,进入21世纪以后,工程项目管理出现了以下新的发展趋势。

(一)建设工程项目管理的国际化

随着全球经济一体化的持续推进,工程项目管理逐渐走向国际化的趋势。若想满足工程项目的国际化标准,则需要按照国际常规来管理相关项目。根据国际通行的做法,项目管理是按照全球普遍接受的项目管理流程、标准和方法,以及统一的文档格式来进行的,目的是在项目执行过程中,确保所有参与项目的各方(包括不同的国家、种族、文化背景的人和组织)能够建立一个统一、协调的基础。

自21世纪初以来,我国的行业壁垒逐渐降低,国内市场逐渐国际化,国内外市场也实现了全面融合。外国工程公司利用其资本、技术、管理、人才和服务等多方面的优势进入我国国内市场,特别是在工程总承包市场和国内建设市场,竞争变得越来越激烈。随着工程建设市场的国际化,工程项目管理也将不可避免地走向国际化，这给我国的工程项目管理带来了新的机会和挑战。从一方面看，随着改革开放进程的不断加速，我国的经济与全球市场的融合越来越深入，这也导致我国的跨国企业和跨国项目数量持续增加。众多的大规模项目需要借助国际招标、国际咨询等多种途径来进行运营。这种做法不仅有助于从国际市场筹集资金，加速国内的基础设施、能源和交通等关键项目的建设，还能从国际合作项目中吸取发达国家在工程项目管理方面的先进管理制度和方法。从另一方面看，加入世界贸易组织后，按照最惠国和国民的待遇标准，我国将有更多的机遇，能更轻松地融入国际市场。自从我国加入世界贸易组织以来，我国的工程建设企业便享有与其他成员国企业相同的权益，并能获得关税减免待遇。这意味着更多的国内工程公司会开始从事国际工程承包业务，并逐渐转向工程项目的自由经营模式。国内的工程公司有机会走出国门，在海外进行投资和经营，同时也可以在海外的工程建设市场中展开竞争，以此来加强团队建设并培育专业人才。

（二）建设工程项目管理的信息化

随着计算机技术的不断发展以及互联网在人们日常工作和生活中的广泛应用，加之知识经济时代的蓬勃兴起，工程项目管理的数字化已经不可避免。计算机技术和网络技术作为当前更新速度最快的技术，在企业的经营和管理中得到了迅速的普及和应用，展现出了快速的发展势头，为项目管理注入了新的活力。在这个信息泛滥的时代，工程项目管理日益依赖于计算机和网络技术。无论是预算、概算、招标投标、施工图设计、进度和费用管理、质量控制、施工变更、合同管理，还是竣工决算，都离不开计算机和互联网的支持。因此，工程项目的信息化已经成为提升项目管理效率的关键途径。目前，在西方发达国家，部分项目管理企业已经开始在其工程项目管理流程中应用计算机和网络技术，从而逐步实现了项目管理的网络化和虚拟化。此外，众多的项目管理企业也开始大规模地采用工程项目管理软件来进行项目的管理工作，并且也投身于项目管理软件的开发与研究领域。因此,21世纪的工程项目管理将更加依赖于计算机技术和网络技术,21世纪的工程项目管理将不可避免地变成信息化管理。

(三)建设工程项目全生命周期管理

建设工程项目的全生命周期管理指的是利用工程项目管理的各种系统方法、模型和工具,对与工程项目相关的资源进行全面整合,确保在建设工程项目的整个生命周期中,所有的工作都能得到高效整合,从而实现项目目标并获得最大化的投资回报。

建设工程项目的全生命周期管理实际上是一个综合性的项目全生命周期管理系统,它整合了项目决策阶段的开发管理、实施阶段的项目管理以及使用阶段的设施管理,旨在对整个工程项目的执行过程进行统一的管理,确保其在功能上能够满足设计的需求,同时在经济上也是可行的,从而实现业主和投资者的投资回报目标。项目全生命周期涵盖了从项目的初步规划、明确项目目标、项目的结束,到临时设备的拆除所需的完整时间。在建设工程项目的全生命周期管理中,不仅要明确项目的目标、范围、规模和建筑标准,还要确保项目在预定的建设时间和投资计划内,高质量地完成所有建设任务,以满足投资者、项目管理者和终端用户的期望和需求;在项目的运营过程中,还需要对永久性的设施物业进行持续的维护和经营管理,以确保工程项目能够获得最大的经济回报。这样的管理策略使工程项目能与市场更紧密地互动,为业主和投资者提供直接的服务。

(四)建设工程项目管理专业化

现代工程项目投资规模大、应用技术复杂、涉及领域多、工程范围广泛的特点,带来了工程项目管理的复杂性和多变性,对工程项目管理过程提出了更新更高的要求。[①] 因此,专业化的项目管理者或管理组织应运

①赵长清.现代水利施工与项目管理[M].汕头:汕头大学出版社,2022.

而生。我国工程项目领域的执业咨询工程师、监理工程师、造价工程师、建造师，以及设计过程中的建设工程师、结构工程师等，都是工程项目管理人才专业化的形式。而专业化的项目管理组织——工程项目（管理）公司是国际工程建设界普遍采用的一种形式。除此之外，工程咨询公司、工程监理公司、工程设计公司等也是专业化组织的体现。可以预见，随着工程项目管理制度与方法的发展，工程管理的专业化水平还会有更大的提高。

第二节　水利工程施工项目管理

施工项目管理意味着施工公司能够对施工项目进行高效的管理和控制，其核心特点是：①施工项目的管理者是建筑施工公司，他们对整个施工项目有完全的责任；②施工项目管理主要针对的是施工项目，它具有明确的时间控制特性，即施工项目存在一个从投标到竣工验收的完整运行周期；③施工项目的管理内容是根据不同阶段进行调整的，随着建设的不同阶段和需求的演变，管理内容也呈现出显著的差异性；④施工项目管理需要加强组织和协调工作，主要包括加强项目管理团队的能力，选拔优秀的项目经理，以及科学地组织施工活动并采用现代化的管理手段。

在施工项目管理的全过程中，为实现各阶段目标和最终目标，必须加强管理工作。

一、建立施工项目管理组织

（1）由企业采用适当的方式选聘称职的施工项目经理。

（2）根据施工项目组织原则，选用适当的组织形式，组建施工项目管理机构，明确责任、权利和义务。

（3）在遵守企业规章制度的前提下，根据施工项目管理的需要，制定施工项目管理制度。

作为企业法人代表的项目经理，要对整个工程项目的施工过程承担全部责任，通常不允许其同时管理其他工程项目。只有在施工项目即将完工并得到建设单位许可的情况下，该单位才有权同时承担另一个工程项目的管理职责。项目经理的职位通常由企业的法人代表指派或者通过组织招聘等多种方式来确定。项目经理和企业法人代表需要签署一份工程承包管理合同，该合同应明确规定工程的各项指标，包括工期、质量、成本和利润等，并明确双方的责任、权力和利益，以及合同终止处理和违约处罚等相关内容。

项目经理和其他相关的业务人员的组成和数量是基于工程的规模来确定的。项目经理负责聘请或推荐各成员，其中负责技术、经济和财务的主要负责人需要得到企业法人代表或授权部门的同意。项目的领导团队成员除了受到项目经理的指导并执行项目管理计划外，还需要根据企业的规章制度，接受企业主管部门的业务监督和指导。

项目经理应当承担特定的职责，例如，执行国家及地方的相关法律和规定；严格按照财经规定行事，并强化成本的核算工作；签署并执行"项目管理目标责任书"；对工程项目的施工，进行严格的管理和控制。项目经理应当被赋予特定的权限，例如，参与投标活动和签署施工合同，招聘决策权，财务决策权，进度计划主导权，技术质量决策权，物资购买管理权，现场管理的协调权等。

二、项目经理的地位

项目经理是项目管理实施阶段的全面负责人，在整个施工活动中有举足轻重的地位。确定施工项目经理的地位是做好施工项目管理的关键。

(1)从企业内部看，在施工项目的执行过程中，项目经理是所有任务的首席负责人，也是项目管理的首要责任者。从外部视角看，项目经理作为企业的法定代表，在其被授权的权限内直接对建设单位负责。显然，项目经理既要对相关建设单位的成果目标负责，又要对建筑行业的效益目标负责。

(2)项目经理是协调各方面关系、促使各方紧密协作配合的桥梁与纽带,需承担合同责任、履行合同义务、执行合同条款、处理合同纠纷,并受法律的约束和保护。

(3)项目经理是各种信息的集散中心,通过各种方式和渠道收集信息,并运用信息达到管理目的,实现项目目标。

(4)项目经理是施工项目责、权、利的主体。项目经理负责管理项目中的人员、财务、物资、技术、信息和管理等所有的生产要素。项目经理不仅是项目的主要责任方,更是实现项目目标的首要责任者。责任是实施项目经理责任制的核心要素,它不仅给项目经理带来了工作上的压力,同时也是决定项目经理权力和利益的重要依据。再者,项目经理应当是项目中的决策权持有者,权力是其有效履行职责的必要前提和工具。如果项目经理没有获得所需的权限,那么他就无法承担工作责任。项目经理还应是项目利益的核心参与者,利益对其工作起推动作用。在缺乏明确利益的情况下,项目经理往往不愿意承担相应的责任,这使得他们在处理企业和员工之间的利益关系时面临困难。

三、项目经理的任职要求

项目经理的任职要求包括执业资格、知识、能力和素质等方面。

(一)执业资格的要求

项目经理要经过有关部门培训、考核和注册,获得《全国建筑施工企业项目经理培训合格证》或《建筑施工企业项目经理资质证书》才能上岗。

项目经理的资质分为一、二、三、四级。

(1)一级项目经理应担任过一个一级建筑施工企业资质标准要求的工程项目,或两个二级建筑施工企业资质标准要求的工程项目施工管理工作的主要负责人,并已取得国家认可的高级或者中级专业技术职称。

(2)二级项目经理应担任过两个工程项目,其中至少一个为二级建筑施工企业资质标准要求的工程项目施工管理工作的主要负责人,并已取得国家认可的中级或初级专业技术职称。

(3)三级项目经理应担任过两个工程项目,其中至少一个为三级建筑施工企业资质标准要求的工程项目施工管理工作的主要负责人,并已取得国家认可的中级或初级专业技术职称。

(4)四级项目经理应担任过两个工程项目,其中至少一个为四级建筑施工企业资质标准要求的工程项目施工管理工作的主要负责人,并已取得国家认可的初级专业技术职称。

项目经理所负责的工程项目规模必须满足相应项目经理的资质等级要求。一级项目经理有资格管理一级资质的建筑施工企业在其业务范围内的工程项目;二级项目经理有权管理二级或更低级别的建筑施工企业的业务范围内的工程项目;三级项目经理有权管理三级及以下建筑企业的业务范围内的工程项目;在四级建筑施工企业的业务范围内,四级项目经理有资格进行工程项目的管理工作。

每隔两年,项目经理都会受到项目资质管理部门的再次审查。当项目经理满足前一个资质等级的要求时,就可以提出晋升申请。

(二)知识方面的要求

一般来说,项目经理需完成大专或中专以上相关专业教育,掌握土木工程等工程领域的专业知识,通常应是某一专业领域的工程专家,否则很难被大众接受或开展工作。项目经理还需要接受项目管理培训或再教育,以掌握项目管理相关的专业知识。作为项目经理,需具备广泛的专业知识,以便迅速解决工程项目执行过程中可能出现的各种挑战。

(三)能力方面的要求

项目经理应具备以下几方面的能力。

(1)必须具有一定的施工实践经历,并按规定经过一段时间的实践锻炼,尤其要有同类项目的成功经历。对项目工作应有成熟的判断能力、思维能力和随机应变能力。

(2)具有很强的沟通能力、激励能力和处理人事关系的能力,项目经理要靠领导艺术、影响力和说服力,而不是靠权力和命令行事。

(3)具备较强的组织管理能力和协调能力,能妥善协调各方关系,尤其能处理好与业主的关系。

(4)有较强的语言表达能力及谈判技巧。

(5)在工作中能及时发现并提出问题,从容处理紧急情况。

(四)素质方面的要求

(1)项目经理应注重工程项目对社会的贡献和历史作用。在工作中应注重社会公德,保证社会利益,严守法律和规章制度。

(2)项目经理必须具有良好的职业道德,将用户的利益放在首位,不谋私利,且有工作的积极性、热情和敬业精神。

(3)具备创新精神、务实态度,勇于挑战、决策。

(4)敢于承担责任,尤其要有承担错误的勇气,言行一致,正直公正,实事求是。

(5)能承担艰苦的工作,任劳任怨,忠于职守。

(6)具有合作精神,能与他人共事,且有较强的自我控制能力。

四、项目经理的责、权、利

(一)项目经理的职责

(1)贯彻国家和地方政府法律法规及政策,维护企业的整体利益和经济利益,执行建筑业企业的各项管理制度。

(2)严格遵守财经制度,加强成本核算,积极回收工程款,正确处理国家、企业、项目及个人利益关系。

(3)签订和履行"项目管理目标责任书",执行企业与业主签订的"项目承包合同"中由项目经理负责的条款。

(4)有效控制工程项目施工,执行有关技术规范和标准,积极推广应用新技术、新工艺、新材料和项目管理软件集成系统,确保工程质量和工期,实现安全、文明生产,努力提高经济效益。

(5)组织编制施工管理规划及目标实施措施、施工组织设计及实施。

(6)根据项目总工期的要求编制年度进度计划及施工季(月)度施工计划,包括劳动力、材料、构件和机械设备使用计划,签订分包及租赁合同并严格执行。

(7)组织制定项目经理部各类管理人员的职责和权限,以及各项管理制度,并认真贯彻执行。

(8)科学组织施工,加强管理,协调内外关系,创造优越的施工条件。

(9)做好工程竣工结算,资料归档,接受企业审计并做好项目经理部解体与善后工作。

(二)项目经理的权力

为确保项目经理完成任务,必须授予其相应的权力。项目经理应当有以下权力。

(1)参与企业施工项目投标和签订施工合同。

(2)用人决策权。项目经理应有权决定项目管理机构班子的设置,选择、聘任及考核班子内成员,乃至辞退。

(3)财务决策权。在企业财务制度规定的范围内,根据企业法定代表人的授权和施工项目管理的需要,决定资金的投入和使用,决定项目经理部的计酬方法。

(4)进度计划控制权。根据项目进度总目标和阶段性目标的要求,检查、调整建设进度,调配资源,以及有效控制进度计划。

(5)技术质量决策权。根据项目管理实施规划或施工组织设计,有权批准重大技术方案和重大技术措施,必要时召开技术方案论证会,把好技术决策关和质量关,防止技术上决策失误,主持处理重大质量事故。

(6)物资采购管理权。按照企业物资分类和分工,对采购方案、目标、到货要求,以及供货单位的选择、项目现场存放策略等进行决策和管理。

(7)现场管理协调权。代表公司协调内外关系,处理现场突发事件,事后及时报公司主管部门。

(三)项目经理的利益

施工项目经理的利益是其行使权力和承担责任的结果,也是市场经济条件下责、权、利、效相互统一的具体体现。项目经理应享有以下利益。

(1)获得基本工资、岗位工资和绩效工资。

(2)在全面完成"项目管理目标责任书"确定的各项责任目标,交工验收及结算后,接受企业考核和审计,除可获得规定的物质奖励外,还能获得表彰、记功、优秀项目经理等荣誉称号及其他精神奖励。

(3)经考核和审计,未完成"项目管理目标责任书"确定的责任目标或造成亏损的,按有关条款承担责任,并接受经济或行政处罚。

项目经理责任制是一种以项目经理为核心的施工项目管理目标责任机制,旨在确保项目的有效执行,并明确项目经理部与企业及员工之间的责任、权力和利益关系。在项目经理正式履行职责之前,建筑行业的法人或其授权代表需要与项目经理进行协商,并起草"项目管理目标责任书",一旦双方签署,该协议便正式生效。

项目经理责任制是以施工项目为对象,以项目经理全面负责为前提,以"项目管理目标责任书"为依据,以创优质工程为目标,以求得项目最佳经济效益为目的而实行的一次性、全过程的管理机制。

五、项目经理责任制的特点

(一)项目经理责任制的作用

实行项目管理必须实现项目经理责任制。① 项目经理责任制是完成建设单位和国家对建筑业企业要求的最终落脚点。因此,对项目管理进行规范化是至关重要的。通过加强项目经理在组织生产中各要素优化配置的责任、权利、利益和风险机制,就可以更有效地管理施工项目、工期、

①张长忠,邓会杰,李强.水利工程建设与水利工程管理研究[M].长春:吉林科学技术出版社,2021.

质量、成本和安全等各个方面，并为项目经理提供更强的动力、压力和法律支持。

项目经理责任制的作用如下。

(1)明确项目经理与企业和职工三者之间的责、权、利、效关系。

(2)有利于运用经济手段强化对施工项目的法制管理。

(3)有利于项目规范化、科学化管理和提高产品质量。

(4)有利于促进和提高企业项目管理的经济效益和社会效益。

(二)项目经理责任制的特点

(1)对象终一性。以工程施工项目为对象，实行施工全过程的全面负责，这种责任通常是一次性的。

(2)主体直接性。在项目经理负责的前提下，实行全员管理、指标考核、标价分离、项目核算、确保上缴、集约增效、超额奖励的复合型指标责任制。

(3)内容全面性。根据先进、合理、可行的原则，以保证工程质量、缩短工期、降低成本、保证安全和文明施工等各项指标内容的全过程的目标责任制。

(4)责任风险性。项目经理责任制充分体现了“指标突出、责任明确、利益直接、考核严格”的基本要求。

六、项目经理责任制的原则和条件

(一)项目经理责任制的原则

实行项目经理责任制有以下原则。

1. 实事求是

实事求是的核心理念是立足实际情况，确保其具备前沿性、逻辑性和可实施性。不同的工程项目和施工环境决定了所需承担的技术和经济指标也会有所不同，而不同职称的工作人员则需要承担与其相应的职责，而不是仅仅追求形式上的责任。

2.兼顾企业、责任者、职工三者的利益

应将企业的利益放在首位,并维护责任者和职工个人的正当利益,避免人为的分配不公,切实贯彻按劳分配、多劳多得的原则。

3.责、权、利、效统一

尽到责任是项目经理责任制的目标,以"责"授"权"、以"权"保"责",以"利"激励尽"责"。"效"即经济效益和社会效益,是考核尽"责"水平的尺度。

4.重在管理

项目经理责任制必须强调管理的重要性。承担责任是要求,追求效益是目的,而管理则是实现效益的动力。若缺乏强有力的管理,"效益"便难以实现。

(二)项目经理责任制的条件

实施项目经理责任制应具备下列条件。

(1)工程任务落实、开工手续齐全、有切实可行的施工组织设计。

(2)各种工程技术资料齐全、劳动力及施工设施已配备,主要原材料已落实并能按计划提供。

(3)拥有一个由懂技术、会管理、敢负责的人才组成的精干、得力且高效的项目管理班子。

(4)赋予项目经理足够的权力,并明确其利益。

(5)企业的管理层与劳务作业层分开。

七、项目管理目标责任书

在项目经理开始工作之前,由建筑业企业法定代表人或其授权人与项目经理协商,制定"项目管理目标责任书",双方签字后生效。

(一)编制项目管理目标责任书的依据

(1)项目的合同文件。

(2)企业的项目管理制度。

(3)项目管理规划大纲。

(4)建筑业企业的经营方针和目标。

(二)项目管理目标责任书的内容

(1)项目的进度、质量、成本、职业健康安全与环境目标。

(2)企业管理层与项目经理部之间的责任、权力和利益分配。

(3)项目需用的人力、材料、机械设备和其他资源的供应方式。

(4)法定代表人向项目经理委托的特殊事项。

(5)项目经理部应承担的风险。

(6)企业管理层对项目经理部进行奖惩的依据、标准和方法。

(7)项目经理解职和项目经理部解体的条件及办法。

八、项目经理部的作用

项目经理部是施工项目管理的工作班子,在项目经理的领导之下,在施工项目管理中有以下作用。

(1)项目经理部在项目经理的领导下,作为项目管理的组织机构,负责施工项目从开工到竣工的全过程施工生产的管理,是企业在某一工程项目上的管理层,同时对作业层负有管理与服务的双重职能。

(2)项目经理部是项目经理的办事机构,为项目经理决策提供信息依据,当好参谋。同时又要执行项目经理的决策意图,向项目经理负责。

(3)项目经理部作为一个组织体,其作用在于完成企业所赋予的项目管理与专业管理等基本任务;在部门及管理层之间建立和谐关系,确保每个成员都能充分履行职责;严格执行项目经理责任制,确保管理工作高效进行;保证项目与企业各部门、项目经理部与作业团队、建设单位、分包单位及材料和构件供应方之间进行有效的信息交流。

(4)项目经理部是代表企业履行工程承包合同的主体,对项目产品和业主全面、全过程负责;通过履行合同主体与管理实体的地位发挥影响力,使每个项目经理部成为市场竞争的成员。

九、项目经理部建立原则

(1)要根据所选择的项目组织形式设置项目经理部。不同的组织形式对施工项目管理部的管理力量和管理职责提出了不同的要求,同时也提供了不同的管理环境。

(2)要根据施工项目的规模、复杂程度和专业特点设置项目经理部。依据项目经理部规模大、中、小的不同,职能部门的设置也应不同。

(3)项目经理部是弹性的、一次性的管理组织,应随工程任务的变化而进行调整。工程交工后,项目经理部应解散,不设固定施工设备及作业队伍。

(4)项目经理部的人员配置应面向施工现场,满足施工现场的计划调度、技术质量、成本核算、劳务物资、安全文明施工等需求,不设置与项目施工关系较少的诸如研究发展、政工人事等非生产性管理部门。

(5)应建立有益于组织运转的管理制度。

十、项目经理部的机构设置

项目经理部的部门设置和人员配置与施工项目的规模及类型有关,要能满足施工全过程项目管理,成为全面履行合同的主体。

项目经理部一般应建立工程技术部、质量安全部、生产经营部、物资(采购)部及综合办公室等,复杂及大型项目还可增设机电部。项目经理部人员由项目经理、生产或经营副经理、总工程师及各部门负责人组成且管理人员需持证上岗。一级项目部由30～45人组成,二级项目部由20～30人组成,三级项目部由10～20人组成,四级项目部由5～10人组成。

项目经理部的人员实行一职多岗、一专多能,岗位职责覆盖项目施工全过程,避免职责重叠交叉,同时实行动态管理,根据工程进展调整人员组成。

十一、项目经理部的管理制度

项目经理部管理制度应包括以下各项。

(1)项目管理人员岗位责任制度。

(2)项目技术管理制度。

(3)项目质量管理制度。

(4)项目安全管理制度。

(5)项目计划、统计与进度管理制度。

(6)项目成本核算制度。

(7)项目材料、机械设备管理制度。

(8)项目现场管理制度。

(9)项目分配与奖励制度。

(10)项目例会及施工日志制度。

(11)项目分包及劳务管理制度。

(12)项目组织协调制度。

(13)项目信息管理制度。

若项目经理部独立制定的管理规章应与公司现行相关条例相符。若项目部能够根据工程特性、环境等实际情况,明确适用条件、范围和时间后自行制定管理制度,且有利于项目目标的完成,则可以作为例外批准执行。当项目经理部独立制定的管理规定与企业现行相关规定不一致时,应提交企业或其授权的职能部门审批。

十二、项目经理部的建立步骤和运行

(一)项目经理部设立的步骤

(1)根据企业批准的“项目管理规划大纲”,确定项目经理部的管理任务和组织形式。

(2)确定项目经理部的层次,设立职能部门与工作岗位。

(3)确定人员、职责、权限。

(4)由项目经理根据“项目管理目标责任书”进行目标分解。

(5)组织有关人员制定规章制度和目标责任考核、奖惩制度。

(二)项目经理部的运行

(1)项目经理应组织本部门成员学习项目的规章制度,检查执行情况和效果,并根据反馈信息改进管理。

(2)项目经理应根据项目管理人员岗位责任制度对管理人员的责任目标进行检查、考核和奖惩。

(3)项目经理部应对作业队伍和分包人实行合同管理,并应加强控制与协调。

(4)项目经理部解体应具备下列条件。

第一,工程已竣工验收。

第二,与各分包单位已经结算完毕。

第三,已协助企业管理层与发包人签订了“工程质量保修书”。

第四,“项目管理目标责任书”已经履行完成,并经企业管理层审计合格。

第五,已与企业管理层办理了有关手续。

第六,现场最后清理完毕。

十三、编制施工项目管理规划

施工项目管理规划是对施工项目的管理目标、组织架构、内容范畴、方法策略、实施步骤及重点环节进行预测和决策,并做出具体安排的纲领性文件。施工项目管理规划的主要内容如下。

(1)进行工程项目分解,形成施工对象分解体系,以便确定阶段控制目标,从局部到整体地进行施工活动和施工项目管理。

(2)建立施工项目管理工作体系,绘制施工项目管理工作体系图和施工项目管理工作信息流程图。

(3)编制施工管理规划,确定管理要点,形成文件以便于执行。

十四、进行施工项目的目标控制

在施工项目中,需设定分阶段目标以及最终目标。实现各个项目目标是施工项目管理的核心任务,因此,应当始终遵循控制理论,对整个过程进行严格的科学管理。施工项目的控制目标涵盖了进度、质量、成本、安全以及施工现场等各个方面。

在施工项目目标控制过程中,会不断受到各种客观因素的干扰,风险因素随时可能出现,故应通过组织协调和风险管理,对施工项目目标进行动态控制。

十五、对施工项目的生产要素进行优化配置和动态管理

施工项目的生产要素是施工项目目标得以实现的保证,主要包括劳动力资源、材料、设备、资金和技术。生产要素管理的内容如下。

(1)分析各项生产要素的特点。

(2)按照一定的原则、方法对施工项目生产要素进行优化配置,并对配置状况进行评价。

(3)对施工项目各项生产要素进行动态管理。

十六、施工项目的合同管理

施工项目管理是在市场环境下进行的特定交易活动,该交易活动从投标阶段开始,一直持续到项目执行的整个过程,因此有必要按照法律规定签署合同。合同的管理质量直接影响到项目的整体管理和工程施工的技术经济成果与目标达成,因此,必须严格遵守合同中的条款,合规经营,以确保工程项目的顺利推进。在合同管理过程中,务必高度重视与国内外相关法律规定、合同文本以及合同条款相关的事宜。为获取更高的经济回报,必须充分重视索赔条款,深入研究索赔的方法、策略及技巧。

十七、施工项目的信息管理

项目信息管理的核心目标是满足项目管理的需求，为未来的预测和决策提供科学依据，进而提升管理质量。项目经理部应当构建一个项目信息管理系统，对信息结构进行优化，以实现项目管理的信息化。项目信息涵盖了项目经理部在项目管理活动中生成的各类数据、表格、设计图纸、文本以及音视频资料等。项目经理部有责任搜集、编排和管理该项目内的所有信息，且随着工程进度的推进，确保信息收集的真实性和准确性。

施工项目管理被视为一种高度复杂的现代管理过程，它需要依赖众多信息资源并要对这些信息进行有效管理。若要进行施工项目管理、目标控制和动态管理，就必须依靠计算机项目信息管理系统，以获取项目管理所需的丰富信息，并实现信息资源的共享。此外，还需要重视信息的整理和保存，确保本项目中的经验和教训被妥善记录和保存，为未来的项目管理提供必要的参考资料。

十八、组织协调

组织协调是指以一定的组织形式、手段和方法，对项目管理中产生的不畅关系进行疏通，对产生的干扰和障碍进行排除的活动。

(1)协调要依托一定的组织、形式和手段。

(2)协调要有处理突发事件的机制和应变能力。

(3)协调要为控制服务，协调与控制的目的都是保证目标实现。

第三节　水利工程建设项目管理模式

建设项目管理模式对项目的规划、控制、协调起着重要的作用。不同的管理模式有不同的管理特点。目前国内外较为常用的建设工程项目管理模式有工程建设指挥部模式、传统管理模式、建筑工程管理(Construction Management,CM)模式、设计—采购—建造(Engineering Procurement Construction,EPC)交钥匙模式、建造—运营—移交(Build Operate Transfer,BOT)模式、设计—管理模式、管理承包模式、项目管理模式、更替型合同(Novation Contract,NC)模式。其中工程建设指挥部模式是我国计划经济时期最常用的模式,在如今的市场经济条件下,仍有相当一部分建设工程项目采用这种模式。国际常用的模式是后面的八大管理模式,在这八大管理模式中,最常被采用的是传统管理模式。

一、工程建设指挥部模式

在我国计划经济体制背景下,工程建设指挥部是大中型基本建设项目管理的一种模式,主要由政府派遣的机构对建设项目的执行进行管理和监督。这种模式依赖于指挥部领导的权威和行政手段,因此在履行建设单位职责时具有很高的权威性,其决策和指挥直接且有效。特别是在面对征地、拆迁等外部协调问题,以及建设时间紧迫的情况下,能够迅速集结资源,提升工程建设速度。然而,由于工程建设指挥部在工程建设项目管理时仅依赖行政手段,因此引发了一系列问题和弊端。

(一)工程建设指挥部缺乏明确的经济责任

工程建设指挥部并非独立的经济组织,经济责任也不明确。政府并未对其实施严格和科学的经济约束。尽管指挥部具有投资和建设的管理权限,但对投资的使用和回收不承担任何责任。

(二)管理水平低,投资效益难以保证

工程建设指挥部中的专业管理人员是从相关行业单位临时调配而来的,工程建设所需的专业素质难以充分保障。在工程建设的过程中,管理人员积累的宝贵经验会随着工程项目的完成而转移到其他的工程职位上。即便未来有新项目的建设,也需要对工程建设指挥部进行重新组织。这使得工程建设的管理质量难以提升。

(三)忽视了管理的规划和决策职能

工程建设指挥部在管理工程建设时,主要采用了行政管理策略甚至军事手段,而不擅长运用经济策略和方法。其主要聚焦于工程项目的完成,却忽略了工程建设的投资、进度和质量这三大核心目标之间的矛盾和统一。尽管它致力于实现工程建设的进度目标,但常常忽视了投资的回报和对工程品质的潜在影响。

由于这种传统的建设项目管理模式存在先天不足,致使我国工程建设的管理水平和投资效益长期得不到提高,建设投资和质量目标的失控现象也在许多工程中普遍存在。随着我国社会主义市场经济体制的建立和完善,这种管理模式将逐步被项目法人责任制所替代。①

二、传统管理模式

采用传统管理模式,业主不仅可以通过有竞争性的招标程序,将工程施工任务外包或委派给报价合理且具备履约能力的承包商或工程咨询、工程监理单位,同时还可以与承包商和工程师签订专业合同。承包方也有权与分包商签署分包协议。当涉及材料和设备的采购时,承包商有权与供应商签署采购合同。

这种模式形成于19世纪,目前仍然是国际上最为通用的模式,世界银行贷款、亚洲开发银行贷款项目和国际咨询工程师联合会(FIDIC)的合同条件的项目均采用这种模式。

(一)传统管理模式的优点

由于应用广泛,因而管理方法成熟,各方对有关程序比较熟悉;可自由选择设计人员,对设计进行完全控制;标准化的合同关系;可自由选择咨询人员;采用竞争性投标。

---

①袁洁,李华春,朱立柱.水利工程质量与安全监督探索[M].长春:吉林科学技术出版社,2022.

(二)传统管理模式的缺点

项目周期长,业主的管理费用较高;索赔和变更的费用较高;在明确整个项目的成本之前投入较大。此外,由于承包商无法参与设计阶段的工作,设计的“可施工性”较差,当出现重大的工程变更时,往往会降低施工的效率,甚至造成工期延误等。

三、建筑工程管理模式(CM 模式)

建筑工程管理模式是一种以项目经理为核心的工程项目管理方法,该模式从项目的初始阶段就邀请了具备设计和施工经验的咨询专家参与项目的执行过程,以便为项目在设计和施工等多个方面提供专业建议。为此,这种模式又被称为“管理咨询方式”。建筑工程管理模式与传统的管理模式相比较,具有以下两方面优点。

(一)设计深度到位

由于承包商在项目初期(设计阶段)就任命了项目经理,他可以在此阶段充分发挥自己的施工经验和管理技能,协同设计班子的其他专业人员一起做好设计,提高设计质量。因此,这种模式下设计的“可施工性”良好,有利于提高施工效率。

(二)缩短建设周期

由于设计和施工可以平行开展,并且在设计未结束时便开始招标投标工作,使得设计、施工等环节能够合理搭接,从而节省时间、缩短工期,使项目可以提前投入运营,并达到提高投资效益的目的。

四、设计—采购—建造(EPC)交钥匙模式

EPC 模式即工程总承包模式,是从设计环节起始,经过招标程序,委托一家工程公司对“设计—采购—建造”进行总承包,该模式通常采用固定总价或可调总价的合同方式。

EPC模式的优点是有利于实现设计、采购、施工各阶段的合理交叉和融合，提高效率，降低成本，节约资金和时间。

EPC模式的缺点是承包商要承担大部分风险。为了减少双方风险，该模式一般在基础工程设计完成，主要技术和主要设备都已确定的情况下进行承包。

五、建造—运营—移交(BOT)模式

BOT模式是指东道国政府开放本国基础设施建设和运营市场，吸收国外资金，以及本国私人或公司资金，授予项目公司特许权，并由该公司负责融资和组织建设，建成后负责运营及偿还贷款。待特许期满后，将工程移交给东道国政府。

BOT模式作为一种私人融资方式，其优点是：可以开辟新的公共项目资金渠道，弥补政府资金的不足，吸收更多投资者；减轻政府财政负担和国际债务，优化项目，降低成本；减少政府管理项目的负担；扩大地方政府的资金来源，引进外国的先进技术和管理，转移风险。

BOT模式的缺点是：建造的规模比较大，技术难题多，时间长，投资高；东道国政府承担的风险大，较难确定回报率及政府应给予的支持程度，政府对项目的监督、控制难以保证。

六、设计—管理模式

设计—管理模式通常被定义为一种与CM模式相似但更为复杂的工程管理模式，该模式允许同一实体为业主提供设计和施工管理服务。在常规的CM模式下，业主会分别签署关于设计和专业施工过程管理服务的合同。在设计—管理模式下，业主仅需签署一份合同。该合同不仅涵盖了设计内容，还包括了与CM服务相似的内容。在这样的背景下，设计师和管理机构实际上是同一个组织。这个实体通常是由设计部门和施工管理公司组成的联盟。

实现设计—管理模式有两种途径：①业主可以与设计管理公司以及

施工总承包商签订合同，然后由设计管理公司来负责项目的设计和实施管理；②业主仅与设计管理公司签署合同，由设计管理公司与各个独立的承包商和供应商分别签订分包合同，由他们负责施工和供应。该方法被视为CM和设计—建造两种模式的融合，同时，为了加快工程进度，承包商常常会选择分阶段发包的策略。

七、管理承包模式

业主有权直接与公司合作进行管理承包，该管理承包商应与业主的专业顾问（如建筑师、工程师、测量师等）紧密协作，以实现工程的计划管理、协调和控制。实际的工程施工任务是由所有的承包商来完成的。管理承包商主要负责设备的购买、工程的建设以及对分包商的整体管理。

八、项目管理模式

当前，工程项目已变得越来越复杂，尤其是当一个业主在同一时间段内有多个项目处于不同的执行阶段时，建筑师所承担的多重职责已经超过了过去主要负责的设计、沟通和检查任务，这便有了项目经理的需求。项目经理的核心职责是从头到尾对整个项目承担责任，这可能涉及项目任务书的制定、预算的管理、消除法律和行政上的障碍、筹措土地资金等内容，同时要确保设计师、计量工程师、结构工程师、设备工程师以及总承包商的工作能够有序、分步骤地推进。在合适的时机加入特定的分包商，以确保业主所委托的任务能够无障碍地完成。

九、更替型合同模式（NC模式）

NC模式代表了一种创新的项目管理方式，它通过一个新的合同来替代之前的合同，且这二者之间存在着紧密的联系。在项目的初始阶段，业主可以选择某设计咨询公司来完成项目的初步设计工作。当这部分的设计任务完成（通常是全部设计要求的30%～80%）后，业主便可以开始进行承包商的招标。在承包商与业主签订合同时，承包商将负责所有尚未完成的设计和施工任务，并与原设计咨询公司签署设计合同，以完成后续部分的设计工作。此时，设计咨询公司已经转型为设计的分包商，并向承包商承担责任，而承包商则负责支付设计的费用。

该模式的优势在于：它不仅能使业主对项目的整体需求得到满足，还确保了设计工作的连续性。在施工详图设计的过程中，可以借鉴承包商的施工经验，这有助于加快工程进度和提高施工品质。此外，这种方法还能减少施工过程中设计的更改，允许承包商在实施期间承担更多的风险管理，从而为业主降低了潜在的风险。在后续的阶段，设计和建造的全部责任都由承包商来承担，这使得合同的管理变得相对简单。当选择 NC 模式时，业主在项目初期必须进行深入的思考，因为一旦设计合同被转移，更改将变得更为困难。另外，在替换新旧设计合同的过程中，必须仔细权衡责任和风险的分配，避免产生不必要的纠纷。

参考文献

[1]卜贵贤.水利工程管理[M].北京:中国水利水电出版社,2016.

[2]陈邦尚,白锋.水利工程造价[M].北京:中国水利水电出版社,2020.

[3]杜辉,张玉宾.水利工程建设项目管理[M].延吉:延边大学出版社,2021.

[4]韩国,王扩军,王晓斌.水利工程建设与项目管理[M].长春:吉林科学技术出版社,2023.

[5]何玉.农业综合开发中水利工程建设项目的管理[J].南方农业,2021(14):122-123.

[6]贺志贞,黄建明.水利工程建设与项目管理新探[M].长春:吉林科学技术出版社,2021.

[7]黄建文,周宜红,赵春菊,等.水利水电工程项目管理[M].北京:中国水利水电出版社,2016.

[8]黄梦琪,郭明凡,郝红科,等.工程建设项目水土保持技术[M].北京:中国水利水电出版社,2017.

[9]贾志胜,姚洪林.水利工程建设项目管理[M].长春:吉林科学技术出版社,2020.

[10]刘焕永,席景华,刘映泉,等.水利水电工程移民安置规划与设计[M].北京:中国水利水电出版社,2021.

[11]刘辉.水利 BIM 从 0 到 1[M].北京:中国水利水电出版社,2018.

[12]刘明远.水利水电工程建设项目管理[M].郑州:黄河水利出版社,2017.

[13]刘明忠,田淼,易柏生.水利工程建设项目施工监理控制管理[M].北京:中国水利水电出版社,2019.

[14]刘晓敏.水利工程建设项目管理的作用与探讨[J].建筑工程技术与设计,2020(16):35-80.

[15]刘学应,王建华.水利工程施工安全生产管理[M].北京:中国水利水电出版社,2018.

[16]刘志强,季耀波,孟健婷,等.水利水电建设项目环境保护与水土保持管理[M].昆明:云南大学出版社,2020.

[17]潘运方,黄坚,吴卫红,等.水利工程建设项目档案质量管理[M].北京:中国水利水电出版社,2021.

[18]隋军,赵丙伟.水利水电工程施工建设与项目管理[M].长春:吉林科学技术出版社,2021.

[19]孙祥鹏,廖华春.大型水利工程建设项目管理系统研究与实践[M].郑州:黄河水利出版社,2019.

[20]孙祖金.多元视域下水利工程项目管理与建设探究[M].沈阳:东北大学出版社,2023.

[21]王琪.浅谈水利工程建设项目管理与控制[J].建筑工程技术与设计,2020(30):22-78.

[22]谢悦城.水利工程建设项目管理模式的探讨[J].珠江水运,2022(17):81-83.

[23]薛芸婧.水利工程建设项目管理模式的探讨[J].城市周刊,2023(8):77-79.

[24]杨鹏,宋斌,李钟宁.水利工程项目建设与管理[M].郑州:黄河水利出版社,2020.

[25]岳春芳,周峰.水利工程概预算[M].北京:中国水利水电出版社,2018.

[26]张家驹.水利水电工程造价员工作笔记[M].北京:机械工业出版社,2017.

[27]张子贤,王文芬.水利工程经济[M].北京:中国水利水电出版社,2020.

[28]甄亚欧,李红艳,史瑞金.水利水电工程建设与项目管理[M].哈尔滨:哈尔滨地图出版社,2020.